園藝懶人的挑選、培育、賞玩入門教學

多肉植物

新手養成BOOK!

黑田健太郎

多肉是什麼樣的植物呢？

多肉植物擁有飽滿渾厚的葉片，可愛的形狀十分討喜。

圓嘟嘟的、有著蓬鬆白毛的、長滿尖刺的，

豐富多變的外觀讓人百看不厭。

多肉植物只需少許水分與小型盆器就能栽種，

無論陽台、窗台還是書桌上，狹小空間就能輕鬆享受栽培樂趣，

這點也極富魅力。

不知不覺增加收藏的品種，也是一種愉快的煩惱。

許多品種的生長速度不快，照顧起來不會很辛苦。

然而，應該有不少人雖然想養多肉，

但卻因為種類繁多而不知該從何選擇，

於是本書便為各位精選了20種「好看」、「好養」、「容易入手」的品種。

當然這些也都是我經營的店鋪「flora黑田園藝」的人氣品種。

大家不妨先從自己第一眼便著迷的那一株開始養起。

基本上，多肉植物只要放在通風良好的場所，盡量保持乾燥，

就能常保健康可愛的形狀。

掌握擺放位置、澆水方式等基礎知識，

園藝新手也能把多肉照顧得頭好壯壯。

為生活空間增添綠意，也能滋養心靈、備受療癒。

請各位參考本書，試著培育出充滿個性魅力的多肉植物吧！

黑田健太郎

享受多肉植物栽培之樂

多肉是相對容易栽種的植物，很適合新手或不擅長細緻照顧的人。
能欣賞它們隨季節變化的樣貌與生長姿態，品味栽培的樂趣。

欣賞不斷成長的樣貌

多肉植物雖然也有日本原產的品種，但大多數的品種都是來自南非或中南美等乾燥地帶，外形十分獨特。比如生長速度緩慢的仙人掌，有時會在您意想不到的地方開出令人驚豔的花朵；生石花屬的品種則會脫皮，並從猶如石頭般的葉子縫間忽然冒出新葉；有些伽藍菜屬中的品種則會從葉緣源源不絕地冒出小葉，光是觀察多肉植物的成長過程就充滿樂趣。

上半兩張都是仙人掌，左上毛茸茸的花芽之後會長成長長的莖幹，開出華美的花朵。左下是生石花屬脫皮的模樣。右下則是葉緣帶有許多小植株的伽藍菜屬。

體驗繁殖的樂趣

多肉植物大多十分健壯且生命力頑強，輕鬆就能繁殖後代。例如使用葉插法，將擬石蓮花屬或伽藍菜屬等品種的1片葉子放在乾燥的地方，葉子根部的生長點便會生出小植株，除了能感受多肉堅強的生命力外，欣賞迷你植株的可愛模樣也很療癒。不只葉插法，多肉還能以分株或扦插的方式簡單繁殖，很容易就能大量培育喜愛的品種。

圖為葉插法的模樣。將擬石蓮花屬、伽藍菜屬或風車草屬等品種的葉片置於乾燥的土壤之上，便會長出小植株並發根。僅1片葉子就能長出一株完整的漂亮植株，神祕的生命力令人嘖嘖稱奇。

PART. 1
人氣品種的特徵與培育法

COLUMN

PART. 3
多肉植物圖鑑

PART. 2
裝飾多肉植物

COLUMN

3種生長類型

多肉植物的生長類型，可按生長週期大致分為3類。

類型依原產地的環境而異，只需多加留意就能順利培育。

以下就讓我們一起來掌握各類型的特徵與重點，開始栽培多肉植物吧。

〈 春秋生型 〉

在春秋生長的類型。喜歡舒適溫暖的氣候，一般適合生長的溫度為10～25℃。冬夏季會進入休眠，或是生長緩慢的半休眠狀態，這時要減少澆水。夏天要記得遮光並保持通風，避免環境悶熱。冬天則要移到室內，做好防寒措施。這類型中有許多即使是初學者也能輕鬆上手的品種。

佛甲草屬（→p.14）

擬石蓮花屬（→p.18）

十二卷屬（→p.22）

銀波錦屬（→p.46）

風車草屬（→p.48）

厚葉草屬（→p.50）

〈 夏生型 〉

在高溫時期生長，是較耐熱的類型。氣溫升高的春～秋為生長期，但遇到酷暑，生長速度會變得遲緩，適合生長的溫度為15～30℃。秋天氣溫下降時，生長會趨緩，冬天則進入休眠。不耐夏季的潮溼與強光，應做好通風與防止葉片燒傷的措施。冬天則要減少澆水並確實禦寒。

伽藍菜屬（→p.26）

大戟屬（→p.30）

仙人掌科（→p.32）

龍舌蘭屬（→p.34）

蘆薈屬（→p.36）

〈 冬生型 〉

在低溫時期生長，是較耐寒的類型。不耐夏天悶熱的氣候，適合生長的溫度為5～20℃。夏天會進入休眠，應通風並停止澆水。秋天氣溫下降後便會開始生長，冬天也會緩慢生長，但須避免接觸5℃以下的低溫，並做好防寒措施。而春季時植株又會再次活躍生長。多肉植物中較少冬生型的品種。

生石花屬（→p.38）

部分黃菀屬（→p.54）

厚敦菊屬（→p.54）

選購多肉植物的重點

逛花店時，很容易陷入這個想買、那個也想要的選擇障礙中。
建議不妨先考慮想擺放的位置，或想如何培育什麼品種的植物等，
想像自己栽種時的情景，選出讓您怦然心動的品種吧。

1 考慮想擺放的位置

想養在屋外還是室內？各位可先想像自家擺放的位置。
不同場所適合的品種也不一樣。多肉基本上都建議養在室
外，但十二卷屬與絲葦屬需要遮蔭，因此擺在室內也可
以。而養在室內時，需留意放在日照與通風良好的地點，
並盡量保持乾燥。若能遵守這些條件，就算是仙人掌也能
養在室內。

2 考慮想選用
什麼樣的植物裝飾空間

接著就是考慮植物的種類、盆栽大小與風格等。建議各位
規劃時可以想得更具體一些，比如用小巧可愛的佛甲草屬
大量裝飾，或用長有尖刺給人堅硬感的蘆薈屬營造個性；
又或是將擁有優美垂枝的絲葦屬吊在客廳裝飾。此外，找
尋適合的盆器尺寸與顏色來凸顯植物魅力、調和生活空間
也不失為一種樂趣。

3 預先了解如何栽培

篩選出感興趣的品種後，再來就是要了解該品種的生長型
態。不同品種生長的速度各有不同，生長快速的佛甲草屬
須定期修剪，較適合喜歡照顧的人；想一定程度放任不管
的人，則較適合栽種生長緩慢的仙人掌。各位也可以考量
植物與擺放位置兩者間的平衡感，看是要選擇往兩側生長
還是往上生長的品種。

選擇植株的注意事項

1 是否有徒長？

應避免莖幹看起來生長遲緩、蜿蜒細瘦且狀態
虛弱的植株。日照不足是導致徒長原因，這類
植株十分脆弱，容易遭受病蟲害。

2 是否有病蟲害？

檢查葉子與莖幹是否有葉片變色、蟲咬孔洞，
或葉片與莖幹整個泛白等現象，應選擇沒有生
病或遭病蟲害的植株。

3 葉片是否有燒傷？

強光照射會導致葉片燒傷，不只會改變葉片的
顏色，嚴重的燒傷還會留下傷痕，甚至導致腐
敗，因此應盡量避免燒傷的植株。

4 植株外觀是否緊實？

應選擇外形緊湊、整體緊密又結實的健壯植
株，也別忘了還要確認植株根部是否有鬆動。

5 葉片顏色是否良好？

選擇葉片與莖幹色澤漂亮的植株。日照不足
會導致葉片的顏色黯淡，而若是帶有白粉的品
種，則要特別確認是否有掉粉的狀況。

6 適合購買的時期？

最佳的購買時機是植物的生長期。如果在生長
期時選購，馬上就能將植株移植到喜歡的盆器
內。一般會建議在春秋時添購。

購買多肉植物後

買到喜歡的多肉植物後，我們終於要展開充滿綠意的生活。

先將植物移植到喜歡的盆器，再來就是每天照顧。

仔細觀察、澆水，用心留意植物的生長狀況，就能養出健康的植株。

1　準備工具

選擇喜歡的盆器搭配多肉植物能增添培育樂趣。然而，配合植物的形象固然重要，但也別忘了確認盆器的材質，以及盆底是否有排水孔，這點是考量到澆水的量與時機會隨著盆器構造而異。建議新手選擇透氣性佳、水分容易蒸散的素燒盆。以下介紹移植與日常照料時所需的工具，比如好握的園藝用剪刀款式。

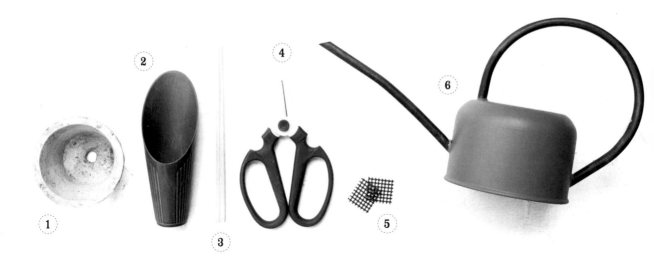

1 盆器

推薦盆底有排水孔的赤陶盆與復古加工陶盆等素燒盆。透氣性佳，容易排除澆水後多餘的水分。若盆底缺孔，可依材質自行於盆底打洞。（p.80）

2 填土器具

在移植等作業時將土壤填入盆器的工具。尺寸多樣，可自行選擇覺得好用的大小。如果沒有準備，也可以用塑膠製的空盆等器具代替。

3 竹筷

進行移植等作業時，竹筷能輕鬆把土壤填入縫隙；針對小盆器，則可改用竹籤。從土壤上方輕截，便能將土推入縫隙中。

4 園藝用剪刀

可剪去多餘的葉片、莖幹與根部，或修剪過長、亂長的莖幹。刀部細長的款式較好用，刀片鋒利則較不會傷到植株。使用後記得以酒精殺菌。

5 盆底網

在種植或移植時，可將盆底網放在盆器的孔洞上，防止土壤從盆孔流失，或是預防害蟲入侵。塑膠製的材質可重複使用。

6 澆花壺

為植株澆水時所使用的工具。細嘴造型的澆花壺可避開葉片或植株，輕鬆瞄準狹小的角落或葉蔭澆水，是非常好用的款式。

2　準備土壤

對多肉植物來說，土壤就是它們的「家」。想要培育健壯的植株，就必須準備舒適的居住環境。多肉植物原本自然生長在沙漠等乾燥地帶，因此與一般花草相比，較喜歡排水良好的環境。建議新手選用能輕鬆上手的多肉植物專用培養土。若想要盡快養大，以赤玉土為基底的混合土最為合適。混合製作的比例為4成赤玉土、腐殖土與輕石（浮岩）各2成、碳化稻殼與蛭石各1成。

多肉植物專用培養土

市售的多肉植物培養土中添加較多的小顆粒輕石，以增加排水性。由於排水性佳，即使不小心澆太多水的新手也能安心使用。

赤玉土

將火山灰土的紅土過篩後，按大、中、小顆粒分開販售的土壤，多肉植物的培養土主要使用小顆粒。這種土壤為弱酸性，且具有透氣性、保水性與保肥性，通常會混合腐殖土、輕石一起使用。

草花專用培養土

市售的花草用培養土。這種土對多肉植物來說過於保水，因此建議混入4成的小粒赤玉土以增加排水性，讓多肉更容易生長。

盆底石

放在盆底增加盆栽的排水性與透氣性，可防止根部腐敗的石頭。合適用量約盆器的1/5，較深或較大的盆器建議可多放一些。原料與輕石（浮岩）相同，若要與土壤混合應選顆粒小的款式。

3　移植

首先準備比購買來的多肉盆栽大上一圈的盆器。依序放入盆底網、盆底石後，加入少量土讓。從盆栽取出的土團要稍微弄散後再移植，這樣舊土團才能與新土充分混合。為避免歪斜，添加新土時要以一手扶好植株，另外也要注意，許多人會把新土完全蓋住植株的底部，但這麼做會使植物失去生氣，應避免完全覆蓋。移植完成後請充分澆水直到盆底流出水為止。

移植後的土壤高度若與盆器等高，澆水時會導致土壤溢出。因此培養土的高度應在盆緣1cm以下，預留澆水的空間。

《 澆水方式 》

基本上，多肉植物都是等土壤完全轉乾後再澆水，水澆太多反而會造成根部腐爛。春秋生長期時，應給予植株充足的水分，從梅雨季到餘暑未盡的9月中旬則應減少澆水，讓植物休養生息。天氣炎熱時，不要往葉片上澆淋，而是澆在土壤表面。12～2月的嚴寒時節也同樣要留意水量，若土壤潮溼，夜晚可能會結凍，從3月起可逐漸增加澆水量。至於澆水的時段，盛夏時應在下午澆水，避開氣溫上升的白天；嚴寒時則要在白天進行，避免在早晚氣溫較低時澆水。

生長期可利用蓮蓬頭灑水壺，為整株植株淋浴，給予充足的水分。若有搭配使用底盤，也別忘了清理積水。

《 擺放位置 》

多肉植物的理想生長環境是日照長、通風良好，日照不足或通風不良會造成葉色不佳、植株徒長。春天建議放在屋外充分照光；梅雨時節應擺在能遮雨的屋簷下，避免長期淋雨導致植株腐爛。高溫多溼、日照強烈的夏季，應架設遮陽網製造遮蔭，或移到半日照的場所，讓植株休養生息。待9月下旬暑氣漸消，便能讓植株重新適應日照，10月起就可移到日照充足、通風良好的場所。低溫的冬季則要避免接觸寒風與冰霜，移到能維持在5℃以上、日照充足的室內。

日照充足、通風良好的屋簷下方或走廊，不僅能避雨，還能遮擋夏季強烈直射的陽光。此外，擺在棚架上會比擺在地上更通風。

《 關於施肥 》

多肉植物原先生長在砂礫或沙漠等養分較少的地區，因此不需要太多肥料。有時在冬、夏的半休眠期或休眠期追肥，反而會對植物造成傷害。葉片會轉紅的品種若過度施肥，會無法產生漂亮的紅葉，需多加留意。如果要施肥，就只能在生長期施行。一般來說，可在栽種、換盆時給予基肥，或為促進生長進行追肥。基肥通常使用緩效性肥料，但若新土使用的是已含肥料的市售培養土就無須再混入；追肥則建議將液肥按規定比例稀釋後再施加，葉片顏色也會更美觀。

液肥（左）有速效性，建議在生長起期1個月施1次為佳；緩效性肥料（右）能緩慢且長期釋出養分，是非常好用的基肥。

TANIKU
SHOKUBUTSU
START BOOK

PART.1

人氣品種的
特徵與培育法

佛甲草屬
Sedum

學名：*Sedum*
科名：景天科
屬名：佛甲草屬
別名：萬年草屬、景天屬
原產地：世界各地
生長類型：春秋生型
繁殖法：分株、扦插、葉插

BASIC DATA

佛甲草屬葉片的形狀、大小、顏色與生長方式豐富多變。從右上順時鐘起，分別為成串垂落生長的「新玉綴」、葉子轉紅的「虹之玉」、白邊小葉充滿特色的「圓葉覆輪萬年草」、外形胖呼呼的「春之奇蹟」、「乙女心」、「松葉佛甲草」，以及莖幹挺立的「銘月」。
※品種介紹請見 p.82～85。

佛甲草屬為景天科中最大的一屬，生長範圍遍及全世界，品種超過400種。

生長型態更是多樣，有的擁有群生的飽滿小葉，有的則具有蓮座狀排列的葉片，

還有的會成串垂落生長，更有莖幹向上延伸直立的型態。

日本國內流通的大多是耐寒但不耐高溫多溼的品種，

而在日本本土自然生長或野生化的品種，則普遍稱為萬年草，

佛甲草屬非常耐寒，很適合作為地被植物種在戶外；

生長迅速，可依品種以分株、扦插、葉插等任一種方式輕鬆繁殖。

〔 佛甲草屬的特徵 〕

貼地橫向擴展型

有些品種具有小葉密集貼地生長的特性，遍地生長猶如地毯。右上為丸葉萬年草，名字中有帶有「萬年草」字眼的品種都是這類型態。下方為大型姬星美人，左上則為松葉佛甲草。

莖幹向上延伸的直立型

佛甲草屬中也有像圖左「乙女心」與圖右「松之綠」這樣莖幹向上挺立的品種。隨著生長，植株的莖幹下方會開始落葉，從上方長出新葉，逐漸長成直立的型態。栽種時可利用莖幹的動向，混植出漂亮的盆景。

春至秋季期間會開出可愛的花朵

開花時，花莖會一口氣抽高，接著在頂端冒出密集的小花芽。花期依品種而異，但一般會在3～11月開出嬌柔的星型花朵。顏色以黃、白居多，但也有紅色系。圖為松葉佛甲草。

秋天到早春之際可欣賞紅葉

當氣溫開始下降，佛甲草屬的葉片會逐漸轉成粉色或紅色，在嚴冬時呈現鮮豔的紅葉。圖中的虹之玉與虹之玉錦為代表性的品種。當春季回暖時，紅葉就會轉淡，變回綠色或灰色等原本的葉色。

〖 栽培時間表 〗

	1月	2月	3月	4月	5月	6月	7月	8月	9月	10月	11月	12月
生長週期（生長期、休眠期）	半休眠期		生長期				生長緩慢期	休眠期		生長期		
開花												
移植、分株、扦插、葉插												
施肥												

〖 日常照顧 〗

澆水、施肥

春秋生長期時，當土壤表面轉乾就要充分澆水。7～9月中旬的生長緩慢期～休眠期，要減少澆水並盡量保持乾燥，因為多肉植物最怕高溫又過於潮溼的環境。施肥方面，1個月可施1次稀釋液肥促進生長，移植時則可將緩效肥作為基肥混入土壤中。

擺放地點

春～秋季要擺在通風良好的場所，梅雨和盛夏時擺在能遮雨的屋簷下，冬天則擺在日照充足的屋簷下。較不耐寒的品種一般會建議放入簡易棚架內，或是移到日照充足的室內，避免接觸寒風與冰霜。

移植、修剪

佛甲草屬生長非常迅速，1年須移植1次。移植時要溫柔地捏鬆土團，輕輕拍落土壤後，再移植到混有基肥的新培養土中。移植時也可以順便修剪徒長的部分，修整植株高度。

繁殖方法

萬年草等貼地生長型的品種適合分株法，直立生長型則較適合扦插法。移植時，剪下的莖幹與葉片可用來葉插和扦插。萬年草等品種因生長特別迅速，可以在生長期視植株情況以分株的方式加以繁殖。

〖 分株 〗

當貼地生長型（圖為松葉佛甲草）的植株長滿盆器後，就能進行分株與移植，適合施行的期間為生長期的春秋兩季。由於這類品種生長迅速，依情況1年移植2次也沒問題。

1 從盆器取出整個土團。佛甲草屬的根部很細，用手指溫柔地捏鬆土團，輕輕鬆落土壤後，慢慢分開植株。

2 根部分開後，再用拇指撥開上方交纏的莖部與葉片，慢慢分開植株。若用蠻力可能會扯斷莖部與葉片，應小心留意。

3 土團下方1/3的部分可以直接丟棄，接著在盆器底部添入少許培養土。移植時也別忘了預留澆水的空間。

4 準備另一個盆器來種植剩下的植株。移植後要馬上澆水。

〔 疏剪／扦插 〕

莖幹向上生長的直立型品種（圖為乙女心），在栽種數年後下方葉片會掉落，呈現徒長的狀態，這時就需要疏剪與扦插。順帶一提，從剩餘的植株底部也會冒出新芽。

BEFORE → AFTER

① 去除枯葉。留下從植株底部長出的新芽，僅剪下莖幹徒長的子株。

② 將剪下的前端部分扦插。剪下長2～3cm的莖幹後，置於陰涼處風乾約1週～10天左右。

③ 在新的培養土中插入步驟 2，放在明亮的陰涼處，等待3～4週發根。等根長出來後再開始澆水。

④ 留在步驟 2 盆器中的母株也要進行移植。將土團取出後溫柔捏鬆，去除老根與土壤。

⑤ 於盆內添入新培養土，預留澆水空間並移植步驟 4。

⑥ 母株移植後應馬上澆水。

從最上排左起，依序為葉片呈漂亮酒紅色的 Autumn Fire、蘿拉、帶有白粉的麗娜蓮，中排左起為老樂、Arctic Ice、葉片有皺褶的晚霞之舞，下排左起則是 Malome、銀武源、天冷時會轉成粉紫色的紐倫堡珍珠，以及子株容易群生的 Iria。
※ 品種介紹請見 p.86～89。

擬石蓮花屬
Echeveria

BASIC DATA

學名：*Echeveria*
科名：景天科
屬名：擬石蓮花屬
原產地：墨西哥、中南美
生長類型：春秋生型
繁殖法：扦插、葉插

擬石蓮花屬的葉片排列猶如玫瑰花般呈漂亮的蓮座狀，是非常受歡迎的品種。

直徑從3公分的小型品種，到超過30公分的大型品種應有盡有，

葉片顏色也豐富多彩，不僅有深綠、淺綠，還有紅、黑、藍、紫等充滿個性的色彩。

秋天氣溫開始下降時，擬石蓮花屬的葉片會逐漸轉紅，鮮豔的色澤賞心悅目；

而春季來臨逐漸回暖時，紅葉便迎來尾聲，除了葉片會慢慢恢復原本的顏色外，

有些品種還會從葉間冒出花芽，並於夏季開出惹人憐愛的花朵。

此外，擬石蓮花屬的交配品種與園藝品種非常多，是種類繁多的多肉植物。

〔　擬石蓮花屬的特徵　〕

蓮座狀整齊排列的葉片十分雅緻

葉片從中心呈放射狀延展的模樣，稱為蓮座狀葉叢，所有的擬石蓮花屬都是這個形狀。圖片品種為花月夜。此屬也有容易群生的類型，能看到植株的側邊冒出子株。

春至夏季會開出鐘型小花

擬石蓮花屬開花時，會從植株長出修長的花莖，並在頂端開出數朵橘色或粉色的小花，低垂微綻的模樣嬌美可愛。不過有些品種開花後，植株會變得脆弱，建議應盡早剪去花芽。圖為Deresseana。

晚秋到春天之際轉為鮮豔的紅葉

依品種轉紅的方式各不相同，漂亮又顯眼的顏色魅力十足。葉片約在11下旬開始轉紅，建議可從9月左右就讓植株充分照光，並控制肥料量，這樣葉片會更加美麗。圖左為玉點，右後方則為瑪麗亞。

葉片覆有白粉

白粉是植物自行產生的果糖，作用是保護葉片免於原產地強烈陽光的直射，防止水分蒸發。白粉若碰掉將有礙美觀，因此建議不要摸葉片。圖為麗娜蓮。

〖 栽培時間表 〗

	1月	2月	3月	4月	5月	6月	7月	8月	9月	10月	11月	12月
生長週期（生長期、休眠期）	休眠期		生長期					半休眠期		生長期		生長緩慢期
開花												
移植、分株、扦插、葉插												
施肥												

〖 日常照顧 〗

澆水、施肥

春秋生長期時，土壤表面轉乾就要充分澆水。梅雨時節～夏季則要盡量保持乾燥，避免太過潮溼。若植株中央有積水會傷害生長點，應多加留意。施肥建議在生長期初期給予緩効肥或液肥；秋天要控制肥料量，以免葉片無法順利轉紅。

擺放地點

建議擺在日照與通風良好的陽台等處，能避免長時間淋雨的屋簷下是最佳地點。盛夏時要放到半日照的地方，或製造遮蔭來減弱強光。下霜等寒冷時節則應將室外的植株移入簡易棚架內或移到室內，避免接觸寒風。

移植、修剪

最適合移植的時期為生長期的初期。移植時要溫柔捏鬆土團，輕輕鬆落土壤，移植到混有以緩效肥作為基肥的新培養土裡。過程中盡量不要碰到葉片表面的白粉。長得太高的植株，也可趁此時進行疏剪、修整。

繁殖方法

擬石蓮花屬可用扦插與葉插法繁殖。修整時剪下的莖部能用來扦插，完整取下的整片葉子則能做葉插之用。將葉片放在乾燥的土壤上，置於明亮的陰涼處3～4週間後就會發根。等根長出來後，每4～5天澆一次水，等萌生的新芽長到一定程度後就能種入盆器中。

葉片間不可有積水

澆水後，如果水分殘留在葉片之間，容易導致葉片受損，甚至引發疾病，這種狀況在夏天的悶熱季節裡尤其容易發生，應多加注意。一旦發現積水，最簡單的辦法是稍微傾斜盆栽，確實滴乾葉片間積聚的水分。

葉插法繁殖

先將葉片置於葉插用的土壤上，擺在明亮的陰涼處管理後，葉子根部的生長點便會發根，隨後冒出新芽。圖片是在4月進行葉插後，經過約2個月後的狀態。子株體型雖小，卻擁有與母株相同的生長樣貌，模樣十分可愛。

〖　疏剪／扦插　〗

擬石蓮花屬會在保持蓮座狀葉叢的同時不斷生長，葉片則從外層逐漸凋零。將枯葉摘除後，便可看到軸狀莖幹。以下將介紹將如何用疏剪與扦插的方式修整植株。

BEFORE

AFTER

1

用手摘除枯掉的外葉。可輕輕拉扯或左右溫柔晃動即可輕鬆摘除。

2

圖為枯葉全部摘除後的狀態，這時可以看到軸狀的莖幹。

3

在稍微離地的位置用剪刀剪斷莖部，並將剪下的上部作為插穗。

4

莖幹長約2～3cm較容易進行扦插，因此要用手摘除下葉。接著將插穗置於陰涼處約1週左右，待切口風乾。

5

將莖幹筆直地插入新培養土（在乾燥的狀態下）後，等待2～3週發根。記得要等莖幹發根後才能開始澆水。

6

步驟4取下的葉片，可間隔排在乾燥的培養土上，並置於明亮的背光處。等待3～4週，期間不要澆水，待發根後葉片會像左頁「葉插法繁殖」的圖一樣長出新芽。

十二卷屬
Haworthia

從上排左起，依序為擁有美麗透明葉窗的姬玉露雜交種鏡球、帶有白色短毛的紫肌玉露×毛玉露，中排左起為葉窗有白斑的皮克大、姬玉露，下排左起則為紫振殿，以及三角形葉片呈星形蓮座狀排列的寶之壽。

※品種介紹請見p.90~91。

學名：*Haworthia*
科名：阿福花科
屬名：十二卷屬
別名：水晶植物、砂漠的寶石
原產地：南非
生長類型：春秋型
繁殖法：分株、葉插

BASIC DATA

在原產地南非，十二卷屬通常都悄然生長在岩石陰影下、草木叢生處或樹木底部，非常不耐陽光直射，偏好明亮的室內窗邊。

十二卷屬可分為葉片柔軟且具透明感的「軟葉系」，與葉片堅硬的「硬葉系」，但無論哪種類型，葉片都是呈蓮座狀，放射開展的美麗姿態很受歡迎。

不管是整個葉片、葉脈紋路或是葉片頂端「葉窗」的透明感都十分獨特，玩賞樂趣無窮。

大部分的品種最大也就直徑 15 公分左右，子株會從母株側邊群生而出，可以分株法繁殖。人們也很常利用十二卷屬培育出新的園藝品種。

〖 十二卷屬的特徵 〗

葉片頂端有半透明的「葉窗」

「軟葉系」品種的葉片前端有半透明的「葉窗」，這是在原生地陰暗處生長時，為了有效率地吸收亮光而特化出的形狀，照到光時會閃耀美麗的光輝。圖為姬玉露。

葉緣帶有「蕾絲」

十二卷屬中有些品種的葉緣會長出細長的小刺（鋸齒），乍看就像白色的蕾絲，而這也是「軟葉系」的一種特徵。圖為曲水之宴 × 曲水之泉名。

春至初夏、秋到冬季將會開花

開花時，植株會長出細長的花莖，縱向開出一朵朵嬌美的小花，顏色有白色或粉色。開花後會導致植株變得脆弱，建議開了數朵後，就將花莖剪到離植株剩 3 cm 左右，等花莖完全枯萎後再拔除。

尖銳的堅硬葉片

「硬葉系」的葉片給人細長又鋒利的感覺，且大多帶有點狀或線狀的紋路。圖中鮮綠色葉片帶有白點的是 Attenuate（左），深綠色葉片帶有漂亮白點的則是星之林（右）。

	1月	2月	3月	4月	5月	6月	7月	8月	9月	10月	11月	12月
生長週期（生長期、休眠期）	半休眠期		生長期				半休眠期		生長期			
開花												
移植、分株、葉插												
施肥												

〚 日常照顧 〛

澆水、施肥

生長期時，土壤表面轉乾就要充分澆水。十二卷屬相較喜歡水分，應留意不要讓生長環境過於乾燥，不過夏冬兩季仍要控制水量。施肥方面，建議1個月可施1次稀薄的液肥，移植時可將緩效肥作為基肥混入新土中。

擺放地點

建議擺在日照與通風良好的室外，如陽台等處。雖然十二卷屬基本上喜歡陽光，但並不耐強光，因此從5月左右就要移往半日照處，並留意葉片是否有燒傷，也可養在室內窗邊等處。冬天會結霜的寒冷時節須將植株移入簡易棚架內，避免接觸寒風，或者移到室內避寒。十二卷屬雖然相對耐寒，但還是要小心凍傷。

移植

在生長期的初期施行。十二卷屬會隨著成長冒出群生的子株，因此移植時，也可順便進行分株。進行移植時要注意留下健康的白色根系，並去除褐色的老根。

繁殖方法

十二卷屬可用分株與葉插法繁殖。分株時要輕柔地鬆落土壤，小心不要傷到根系，避免用蠻力強行分開植株。施行葉插時，一定要從莖部連同葉柄整個拔下，並在切口處塗上發根促進劑後風乾。無論是分株還是葉插，都應盡量在生長期的初期進行。

養在室內時應適時調節澆水量

十二卷屬喜歡在微弱的光照環境下生長，也很適合養在室內的窗邊。生長期應充分澆水，當土壤表面轉乾時，就要澆到盆底流出水為止；半休眠期時則應減少水量。澆水時，不要直接澆在葉片上，而是澆在土壤表面，以防葉片燒傷。圖中左起分別為玉扇、青玉簾、雪姬壽、姬玉露。

〔 分開子株 〕

十二卷屬生長迅速，子株會從母株旁側群生而出。1年能分株1次，可在春秋生長期換盆時順便分開植株。
圖中品種為祝宴。

BEFORE

AFTER

1

首先溫柔地鬆開土團，這時小心不
要傷到又白又粗的新根。舊根則可
連土壤一起剝掉。

2

找出能自然分開子株的位置，將其
從母株上取下。

3

如果很難將子株與母株分離，也可
直接折斷。即使弄斷子株的根部，
放置一段時間仍然會重新長出來。

4

摘除植株底部的枯葉，這時橫向拉
扯便能拔得很乾淨。

5

圖為母株（左）以及取下的2朵子
株，接下來就要把它們分別移植到
不同的盆器中。

6

盆器中加入新培養土後，分別種下
植株。移植完成後應充分澆水，直
到盆底流出水為止。

伽藍菜屬
Kalanchoe

此屬許多品種都擁有覆滿絨毛的
細長葉片，外觀猶如兔耳，也因
此多以兔子相關的字眼命名，且
大部分都是月兔耳品種的夥伴。
圖中左起為葉片呈現咖啡色的棕
兔、葉緣帶有咖啡色斑點的黑兔
耳，還有黃色絨毛照光時會呈金
黃色的黃金兔。
※品種介紹請見 p.92～94。

BASIC DATA

學名：*Kalanchoe*
科名：景天科
屬名：伽藍菜屬
別名：匙葉伽藍菜
原產地：馬達加斯加、南非、
　　　　印度、馬來半島、中國
生長類型：夏生型
繁殖法：分株、扦插、葉插

伽藍菜屬的原生種有140種左右，其中約有120種主要生長在馬達加斯加。
此屬中許多品種都充滿魅力，有些葉片表面長有絨毛、有些則帶有斑點、
有的具有天鵝絨般的質感、有的葉形則看起來好似在舞動，
還有些品種的葉緣會長出小小的子株，外形變化多端。
尺寸也多種多樣，有10公分的小植株，也有高約3公尺的灌木。
伽藍菜屬雖生命力旺盛、容易栽種，但在多肉植物中算是特別不耐寒的品種，栽培時需多留
意。另外還具有短日照植物的特性，當日照時間變短就會開花。

〖　伽藍菜屬的特徵　〗

葉片表面覆滿密集的絨毛

葉片表面覆滿絨毛的類型。代表品種有圖中的月兔耳，是兔耳
系列的一種。絨毛能保護葉片免於強烈日照，但也容易讓水分
附著，若在有水分的情況下被陽光直射，會導致葉片燒傷。

葉緣有許多生長點

葉緣的鋸齒（鋸齒狀的凹陷處）有一個個生長點，從該處會冒
出新芽，小芽沿著葉緣成排生長的模樣十分有趣，而這些新芽
最後會長成子株。圖中左起分別為不死鳥與大葉落地生根。

紫紅色的斑塊十分獨特

綠色厚葉上帶有紫紅色的斑塊，外觀充滿個性。此品種照顧時
須留意若水澆太多會無法形成漂亮的花紋；若想要觀賞葉片，
建議修剪成小株。圖中左起分別為虎紋迦藍菜與江戶紫。

深秋時葉片轉紅的品種

伽藍菜屬中也有葉色會隨秋天氣溫下降而逐漸轉紅的品種，當春
天氣溫上升時，又會逐漸恢復原本的葉色。伽藍菜屬的花期是
在冬季到春季，因此能同時欣賞到紅葉與花朵。圖為冬紅葉。

大戟屬
Euphorbia

BASIC DATA

學名：*Euphorbia*
科名：大戟科
屬名：大戟屬
原產地：非洲、馬達加斯加
生長類型：夏生型（也有部分為冬生型）
繁殖法：分株、扦插

大戟屬是分布於世界各地的龐大群體，其中被歸類為多肉植物的就多達500～1000種。
自然生長在不同地域的植株，會為了適應各種環境而不斷進化，
因此生長型態與外形都非常多變，亦充滿特色。
除了擁有仙人掌般的尖刺，還有柱狀、球狀、塊根狀等型態，魅力無窮。
生長類型有夏生也有冬生型，本書在此僅介紹品種非常豐富的夏生型。

〔 **大戟屬的特徵** 〕

全身長滿尖刺的類型

大戟屬中有許多品種都有尖刺，讓人誤以為是仙人掌。圖為紅彩閣。仙人掌科的尖刺根部會有長著白色棉毛的刺座，而大戟屬的刺則是直接從莖幹上冒出。

切口會冒出白色樹液

切開莖幹、葉片或根部時，切口會冒出白色的樹液。這種樹液具有毒性，碰到皮膚可能會引發紅腫，須多加留意。在做扦插時，應以流動的水沖洗切口，並保持乾燥。圖為怪魔玉。

看起來像花的「苞片」

圖為毛葉麒麟的花朵。看似黃色花瓣的部分，其實是由葉片變化成的「苞片」，顏色與形狀能長時間保留，觀賞期長達2個月。真正的花其實藏在苞片之中，非常的小。

猶如仙人掌般的俏皮樣貌惹人喜愛。圖中左起為枝幹上擁有尖刺且特徵為葉片細長的毛葉麒麟、退色而偏白的白樺麒麟、Obesa Blow、笹蟹丸、紅色尖刺令人印象深刻的紅彩閣、Anoplia，以不形似好似鳳梨的怪魔玉。
※品種介紹請見p.95。

〖 栽培時間表 〗

	1月	2月	3月	4月	5月	6月	7月	8月	9月	10月	11月	12月
生長週期（生長期、休眠期）		生長期						休眠期				休眠期
開花												
移植、分株、扦插					分株、扦插							
施肥						移植						

*本書僅刊載夏生型的資訊。

〖 日常照顧 〗

澆水、施肥

雖說是夏生型的大戟屬，但春秋時的成長亦非常旺盛，生長期間當土壤轉乾就要充分澆水。然而夏生型大戟屬並不耐寒，休眠期間須保持乾燥，但仍要小心別讓土完全變乾。4月下旬～10月時可每個月施1次稀薄的液肥。

擺放地點

建議放在可避雨的室外屋簷下等日照與通風良好的位置。此外也要特別注意，許多品種較不耐寒，冬天時應移往室內能充分照到陽光，且能保持在5℃以上的地點。

移植、修剪

建議在不用擔心寒冷的4月下旬～10月期間移植。作業時若弄傷葉片或尖刺會流出白色樹液，不小心碰到可能導致皮膚紅腫，應多加留意。移植時也可替植株修剪過於茂密的枝幹與子株。

繁殖方法

4月下旬～6月可利用扦插或分株法，運用修剪時剪下的枝幹與植株繁殖。作業時應以清水沖洗切口流出的白色樹液，接著放在陰涼處風乾約1週後，便可插入乾燥用土中；也可像仙人掌一樣用胴切法（p.33下）繁殖。

仙人掌科
Cactus

BASIC DATA

學名：*Coctus*
科名：仙人掌科
屬名：仙人掌屬、大棱柱屬、仙人柱屬等每個屬的
　　　型態各異
別名：仙巴掌、觀音掌、霸王樹
原產地：南美、北美、中美
生長類型：夏生型
繁殖法：分株、扦插

上排左起為柱狀仙人掌成員、擁有咖啡色尖刺的仙人柱屬金獅子、擁有美麗紫色尖刺的鹿角柱屬紫太陽，還有大棱柱屬的代表品種短毛丸。下排左起為覆有白毛且為柱狀仙人掌成員的白裳屬老樂柱，以及莖幹呈扁平團扇狀的仙人掌屬墨綠團扇。
※品種介紹請見 p.96～97。

仙人掌科遍布於南北美大陸，品種超過2000種，而仙人掌是對歸類於仙人掌科的植物總稱。為了在沙漠或寒冷高山等其他植物難以生長的極端環境下生存，這些植物獨自進化出豐富的型態，以適應各種氣候與地形，因此不但種類眾多，性質也多元。

人們也會依肉質化的莖幹形狀，分類為片狀仙人掌、柱狀仙人掌、球狀仙人掌等。

據說仙人掌的尖刺是由葉片的一部分托葉演化而成，但也有沒有尖刺的品種。

〔 仙人掌科的特徵 〕

長有尖刺與刺座

位於尖刺根部、具有白色棉毛的構造名為刺座（Areole），此部位是由退化變短的枝幹變形而成。但仙人掌科中也有沒有尖刺的品種。演化成尖刺的托葉能有效抑制水分從葉片蒸散。圖為新天地。

表面覆有白毛

覆滿整株植株的白毛是由尖刺變化而來。充滿特色的白毛除了能避免陽光直射，據說還能擋雨、減緩一整天的冷暖溫差。圖為白裳屬的幻樂。

〔 栽培時間表 〕

	1月	2月	3月	4月	5月	6月	7月	8月	9月	10月	11月	12月
生長週期（生長期、休眠期）	休眠期				生長期		半休眠期或生長緩慢期		生長期			休眠期
開花				開花								
移植、分株、扦插				分株、扦插					移植			
施肥				移植					移植			
				施肥								

〔 日常照顧 〕

澆水、施肥

生長期時，當土壤轉乾就要充分澆水；半休眠期或生長緩慢期的夏天則應保持乾燥，以1週澆1次為佳。冬天休眠期須斷水，或每月以噴霧澆1次水。肥料則建議在春秋季期間，每月施1次稀薄的液肥。

擺放地點

3～11月應盡量擺在戶外日照與通風良好的場所為佳。雖然有些品種可以在戶外過冬，但還是建議擺進可抵擋寒風的簡易棚架內，或是移往日照充足的室內，這樣比較安心。

移植、修剪

仙人掌科有許多生長迅速的品種，建議每1～2年就要換盆1次，在生長期前半期移植到比先前大上一圈的盆器中。若是刺比較尖銳的品種，可使用鑷子或厚手套較方便作業。若植株徒長或過於高大，也可順便以胴切法*修整植株外形。

繁殖方法

子株會群生的品種，可利用分株法繁殖。分株後的植株要放在通風良好的半日照處，風乾約10天左右後再進行栽種。移植完成後，也別忘了充分澆水。

*關於胴切法

是指切斷主軸的莖部（胴體）繁殖的方法。施行時不是在植株木質化的部分下刀，而是選擇相對年輕的部位；而大型植株可利用美工刀快速切斷。被切斷的植株本身會從邊緣開始長出子株，而切下來的莖部上半段則需要等切口確實風乾，約1～2週後再插入用土中。

龍舌蘭屬
Agave

圖中左上順時鐘起，分別為葉緣的細小尖刺（鋸齒）猶如恐龍腳爪的龍爪、細長葉片呈放射狀開展的吹上、深藍綠色葉片與葉緣褐色斑紋形成美麗對比的藍光，以及葉片邊上捲繞著白色絲狀纖維的Leopoldii。

※品種介紹請見p.98

BASIC DATA

學名：*Agave*
科名：天門冬科
屬名：龍舌蘭屬
別名：龍舌蘭、Century Plant
原產地：美洲南部、中南美
生長類型：夏生型
繁殖法：分株、扦插

龍舌蘭生長在高溫、乾燥的大地，狂野又鮮明的姿態非常受歡迎。
蓮座狀開展的葉片有各種形狀與大小，無論哪種都有愈往葉尖愈銳利的特徵，
與尖刺的結合更是魅力獨具。此屬中還有直徑長達4公尺的大型品種。
龍舌蘭屬通常要花10年以上才能開花，有些品種甚至一生只開一次花，
因此又被稱為「世紀之花」。開花後，植株就會枯萎死亡。

〔 龍舌蘭屬的特徵 〕

具有花絲

有些品種的葉緣會有白絲狀的纖維質長毛，這種絲狀長毛名叫「花絲」（Filament）。圖為Leopoldii。

前端具銳利的尖刺

龍舌蘭屬的尖刺形狀與附著方式多樣，營造出各種美麗的植株型態。許多品種的尖刺都是長在厚葉的前端。圖為龍爪。

〔 栽培時間表 〕

	1月	2月	3月	4月	5月	6月	7月	8月	9月	10月	11月	12月
生長週期（生長期、休眠期）	休眠期		生長期								生長緩慢期	
開花							●——	—●				
移植、分株、扦插			●——	—●					●——	—●		
施肥				●———	———	——●						

〔 日常照顧 〕

澆水、施肥

生長期時，當土壤表面轉乾就要澆水。由於龍舌蘭屬不耐盛夏（7～8月）的潮溼環境，因此須保持乾燥讓植株休息。冬季的休眠期則給予少量水分，大約每月澆1次即可。肥料方面建議在生長期的初期（4～6月）每月施1次稀薄的液肥。

擺放地點

龍舌蘭屬喜歡高溫且乾燥的環境，應放在日照充足且能遮雨的通風處。多數品種都很耐寒，有些品種還能在戶外過冬，不過接觸到冰霜還是會凍傷，建議應放入簡易棚架內，或是移往室內躲避嚴寒。

移植

要在春天或秋天的初期進行移植，大約每2～3年移植1次。若是長有尖刺的品種，應戴上厚手套以便作業。

繁殖方法

當母株周圍生出子株時，就能用分株法繁殖；不過當植株長成成株後，就很難再生出子株。分株可在春或秋季初期與換盆同時進行。將子株從母株分離時，應盡量多保留點根系，再移植到另一個盆器的乾燥用土內。大約移植約1週後，便能開始澆水。

BASIC DATA

學名：*Aloe*
科名：阿福花科
屬名：蘆薈屬
別名：龍角、狼牙掌
原產地：非洲、馬達加斯加、阿拉伯半島
生長類型：夏生型
繁殖法：分株、扦插

蘆薈屬
Aloe

後排左起為枝條容易分離的羅紋錦、粉
藍色葉緣帶有紅色尖刺，令人印象深刻
的頭狀蘆薈、馬達加斯加產的Eximia。
前排左起則為葉片像扇子般開展的開卷
蘆薈、擁有漂亮白色斑點的Firebird，
以及在原生地能長到10ｍ高的蘆薈近
親二歧蘆薈。
※品種介紹請見p.99。

蘆薈屬自古就與人類生活息息相關，譬如具藥效的木立蘆薈，以及可食用的真蘆薈等。

蘆薈屬的植株非常強壯，在日本關東以西的地區可直接種在庭院；花朵也非常漂亮，許多品種會在冬天開花。尺寸有 5 公分的小型種，也有可長成 10 公尺高的直立品種。

蘆薈屬的種類超過 500 種，有些植株型態特殊、有些樣貌充滿魅力，變化多端。

其中像二歧蘆薈這樣直立的大型種族群，又稱為樹蘆薈。

〔 蘆薈屬的特徵 〕

蓮座狀與扇形葉叢

仔細觀察蘆薈屬葉片開展的模樣，便會發現除了有像圖片下方的二歧蘆薈呈蓮座狀開展，也有像圖中上方開卷蘆薈一樣扇狀開展的類型，形態非常有趣。

綠葉上長滿尖刺

蘆薈屬尖刺的生長方式非常多元。有些品種沒有刺，有些則密集分布在葉緣，比如圖中的頭狀蘆薈。尖刺的顏色與大小也會依品種而異，非常具有魅力。

葉片內呈果凍狀

切開肥厚的葉片後，可以看見這樣的斷面，蘆薈屬即是利用這果凍狀的組織儲蓄水分。

〔 栽培時間表 〕

	1月	2月	3月	4月	5月	6月	7月	8月	9月	10月	11月	12月
生長週期（生長期、休眠期）	休眠期						生長期					生長緩慢期
開花												
移植、分株、扦插												
施肥												

〔 日常照顧 〕

澆水、施肥

生長期時，當土壤表面轉乾就要充分澆水；從梅雨時節開始就要留意盛夏的悶熱環境，應盡量保持乾燥。冬天時，較不耐寒的品種要施行斷水，較耐寒的品種則盡量保持乾燥。可在春秋兩季每個月施 1 次稀薄的液肥。

擺放地點

建議擺在整年日照與通風都很充足的地點。耐寒的品種可放在陽台等戶外過冬，但要小心不要讓植株結凍。不耐寒的品種則小心葉緣受損，應擺入能遮蔽寒風與冰霜的簡易棚架內，或是移往室內。

移植、修剪

春秋初期最適合移植。作業時要小心尖刺，並同時修整植株形狀。雖然也可以任其生長，但這個時期很適合藉由修剪讓植株長出新芽。此外，換盆時還要記得摘除受傷的咖啡色下葉，只要往橫向扭轉就能摘除乾淨。

繁殖方法

當母株的周圍長出子株時，就能在移植時順便以分株法進行繁殖。春秋初期，還可利用移植時剪下的枝條做扦插。把枝條放在半日照處約 1 週～10 天，待切口徹底風乾，接著插入乾燥的新土，1 週後就能開始澆水。

左列上起為具有黑褐色頂部的寶留玉、同科但為魔玉屬的魔玉、琥珀玉；中列上起為葉窗帶有裂紋的福來玉、紫福來玉，還有紅色網紋充滿特色的Top Red；右列上起為花紋如菊花紋章的菊章玉、綠福來玉，以及擁有土黃色扁平頂面的黃珊瑚玉。
※品種介紹請見p.100。

生石花屬
Lithops

BASIC DATA

學名：*Lithops*
科名：番杏科
屬名：生石花屬
別名：石頭玉、屁屁花
原產地：南非、納米比亞
生長類型：冬生型
繁殖法：分株

生石花屬原產於南非乾燥的礫石地帶。據說此屬的植株為避免被動物吃掉，配合環境擬態成石頭，進化出一對葉片與莖幹合體的獨特外形。

特徵是頂面帶有花紋的透明「葉窗」，植株能從該處吸收陽光。此外還具有紅、茶褐色、綠色與黃色等各式各樣的顏色與型態，美麗的模樣甚至獲得「活寶石」的美稱。

約有40多個品種，但有許多變異種，因此擁有很多收藏家。

〔 生石花屬的特徵 〕

開春時節會脫皮

生石花屬會透過每年1次的反覆脫皮成長茁壯。春天時，當葉片出現皺褶，即是脫皮的徵兆。脫皮時老葉會裂成兩瓣，新葉則會從中探出，最後老葉會像皮一樣向下收縮，新植株也隨之冒出。

可用分株法繁殖

生石花屬在土表上的形狀猶如石頭扁平，但撥開下方土壤後，便會展露出可愛的縱長狀。進行分株作業時，要先去除受損的根部與底部殘留的皮殼，接著平均地分開兩顆植株的根部。

〔 栽培時間表 〕

	1月	2月	3月	4月	5月	6月	7月	8月	9月	10月	11月	12月
生長週期（生長期、休眠期）	生長期	生長緩慢期		脫皮		休眠期				生長期		
開花												
移植、分株												
施肥												

〔 日常照顧 〕

澆水、施肥

10～12月當土壤表面轉乾就要充分澆水；1～3月則在土表乾燥時澆到表面變溼。4～5月當植株開始脫皮時就要保持乾燥，這時若澆太多水會導致新芽也跟著脫皮（二脫）。6～8月基本上要斷水，每月只需澆2～3次，在黃昏等涼爽時段以噴霧器噴溼土表即可。肥料方面，建議在10～11月施予，每月大概施1次稀薄的液肥。

擺放地點

建議擺在日照與通風良好、不會淋到雨的屋簷下。由於生石花屬不耐悶熱，夏天要遮光，或是移到半日照的場所。冬天則要避免暴露在5℃以下的環境，應移往日照充足的室內並保持乾燥。

移植

生石花屬大約每2～3年需移植1次，適合的時期為10～11月。作業時要溫柔地鬆落土團，去除受損的根系與植株底部殘留的皮殼，接著將植株置於陰涼處風乾約1週左右後，移植到加有少量緩效肥的乾燥用土裡。而移植過1週後便可慢慢開始澆水。

繁殖方法

可以跟移植一樣在10～11月以分株的方式繁殖。作業流程也跟移植相同，先撥落土團的土壤、去除皮殼後，溫柔且平均地分開兩顆植株的根系。接著置於陰涼處風乾約1週左右後，移植到乾燥的用土裡，再過1週後便可開始澆水。

絲葦屬又有雨林仙人掌的稱號。左上起順時針為特徵是
細長莖幹呈四角形的柯氏絲葦、米粒狀莖幹以節狀相連
的青柳、細長莖幹分岔低垂的松風、向上生長的仙人棒
屬猿戀葦以及枝幹生長茂密的番杏柳。
※品種介紹請見p.101。

絲葦屬
Rhipsalis

BASIC DATA

學名：*Rhipsalis*
科名：仙人掌科
屬名：絲葦屬
別名：槲寄生仙人掌、垂枝綠珊瑚
原產地：中南美
生長類型：春秋生型
繁殖法：分株、扦插

絲葦屬雖然是仙人掌的同伴，卻沒有尖刺，且依附生長在熱帶雨林的樹上或岩石上，喜歡微弱的光線，不耐陽光直射，適合培育的環境為明亮的陰涼處。

如繩子般的悠長莖幹有許多莖節，一節節彎折的姿態一展奔放、延伸的動感。

修剪時可從莖節下刀，修整過長的莖幹。

若仔細觀察莖部的尖端，便能發現如「剪刀」狀的分枝，模樣可人。

〖 絲葦屬的特徵 〗

因重量而自然下垂

像竹子般分節的莖部會隨生長逐漸因重量而垂下枝條，種在吊盆裝飾非常好看。圖為松風。而栽種在窗邊時，莖幹會朝太陽的方向延伸，建議應稍微轉動盆器，好讓植株均勻生長。

外觀時髦的奇妙品種

絲葦屬的莖部一般都是呈細長狀，但有些品種的莖則長得像扁平的葉片，模樣個性又時髦。圖為橢圓絲葦，此品種的新芽呈紅褐色，與綠色的成葉形成美麗對比。

〖 栽培時間表 〗

	1月	2月	3月	4月	5月	6月	7月	8月	9月	10月	11月	12月
生長週期（生長期、休眠期）		休眠期			生長期		生長緩慢期			生長期	生長緩慢期	
開花									〇——	—〇		
移植、分株、扦插				〇——	—〇				〇——	—〇		
施肥				〇——	——	—〇			〇——	—〇		

〖 日常照顧 〗

澆水、施肥

生長期時，當土壤表面轉乾就要充分澆水。夏季高溫時期要減少水量、保持乾燥，以免悶熱導致根系腐爛；冬天則要少量澆水，約每2週澆1次。而若擺在室內感覺有點乾燥時，也可用噴霧器噴霧給水。肥料建議在4～6月與9～10月施予稀薄的液肥，頻率為每月1次左右。

擺放地點

絲葦屬原本生長在叢林中的樹蔭下，不耐陽光直射，且喜歡半日照的環境。因此建議最好擺在能避開強烈日照的半日照屋簷下或室內。冬天則要避免放在5℃的環境，移到室內會比較放心。

移植、修剪

移植頻率建議為每1～2年1次，且應避開冬夏兩季，於春天的4～6月，或秋天的9～10月施行。修剪作業則是一整年都能進行，可從莖節剪斷過長的莖部，修剪成自己喜歡的長度。

繁殖方法

絲葦屬可以分株與扦插的方式繁殖。最佳時期和移植一樣，應避開寒暑。移植時修剪下來的枝條可用於扦插。剪下約長7～8cm（剪在莖節上）的枝條，放在陰涼處2週左右風乾切口後，插入乾燥的新土中，等4～5天後就能開始澆水。

青鎖龍屬
Crassula

青鎖龍屬的葉片外觀與生長型態都
充滿個性。左上起順時針為俯瞰時
會浮現綠色十字架的南十字星、燃
燒般的紅葉充滿魅力的火祭、紅色
鑲邊的三角形葉片呈塔狀層層堆疊
的星王子，以及紅色花莖會在早春
時開出白花的紅稚兒。
※品種介紹請見p.102～105。

BASIC DATA

學名：*Crassula*
科名：景天科
屬名：青鎖龍屬
原產地：南非、馬達加斯加等
生長類型：春秋生型
　　　　　（部分為夏生型，也有冬生型種）
繁殖法：分株、扦插

青鎖龍屬的種類非常豐富，據說光是生長在南非的原生種就多達約300種。

外觀有小型群生、柱狀延伸、塔狀或直立生長等型態，除此之外，

葉片的大小形狀也是千變萬化，米粒狀、三角形、橢圓形等，令人目不暇給。

不同品種的生長類型也各不相同，可分成春秋生型、夏生型與冬生型三種，但絕大多數都是春秋生型。以小型種居多，有些品種會在秋冬之際轉為美麗的紅葉。

〔 青鎖龍屬的特徵 〕

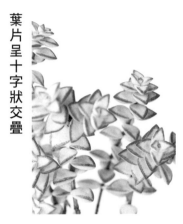

葉片呈十字狀交疊

從上方俯瞰時，便能發現三角形葉片是以漂亮的十字型交疊。青鎖龍屬的特徵之一，就是葉片會像這樣以十字狀相互重疊，品種名中有「星」字的都是這種類型。圖為太陽星。

柱狀生長的奇妙品種

小小的葉片層層堆疊不斷向上，以柱狀模樣生長。不同品種的柱子粗細也不一樣。圖中左側為較細的若綠；右側則是粗壯的青鎖龍。

〔 栽培時間表 〕

	1月	2月	3月	4月	5月	6月	7月	8月	9月	10月	11月	12月
生長週期（生長期、休眠期）	休眠期		生長期				休眠期		生長期		生長緩慢期	
開花												
移植、分株、扦插												
施肥												

＊本書僅刊載春秋生型的資訊。

〔 日常照顧 〕

澆水、施肥

春秋之際，當土壤表面轉乾就要充分澆水；夏天（7～8月）則要盡量保持乾燥，等土壤變乾4～5天後再澆水。冬天（1～2月）也一樣要盡量維持乾燥，等葉片出現皺褶時再少量給水。肥料則建議在生長期初期的3～5月與9～10月，每月施予1次稀薄的液肥。

擺放地點

一般建議擺在日照、通風良好的陽台或屋簷下。梅雨季時要避免長期淋雨，夏天則要移往半日照處，避免盛夏的強光燒傷葉片。嚴寒時期應移到室內栽培比較放心。

移植、修剪

青鎖龍屬每1～2年須移植1次，適合的時期為生長期初期，且這裡會建議應配合植株的生長施行，以免根系堵塞阻礙排水。作業時應溫柔地鬆開土團，撥掉1/3左右的土壤後，移植到大上一圈、內含新土的盆器中。此外，移植時也可順便疏剪過長、亂長的植株。

繁殖方法

可用分株、扦插的方式繁殖。這時疏剪時剪下的枝條能用於扦插。先將枝條置於半日照處1週～10天左右，徹底風乾切口後，再插入乾燥用土中。群生的植株則可在移植時進行分株。

自上而下，依序是憑藉漆黑葉片贏得高人氣的黑法師，擁有清爽綠葉的Lemonade則是近親的恆持金草屬。接下來是具有雅緻紅褐色紅葉的紫羊絨、平坦蓮座狀葉叢十分罕見的姬明鏡、與以上兩株個體散發不同氛圍的紫羊絨，以及褐色葉片上有醒目黎染紋路的黑法師錦。
※品種介紹請見p.106。

蓮花掌屬
Aeonium

BASIC DATA

學名：*Aeonium*
科名：景天科
屬名：蓮花掌屬
原產地：加那利群島、北非等
生長類型：冬生型接近春秋生型
繁殖法：分株、扦插

蓮花掌屬原生於溫暖少雨的地區，因而具有耐旱但不耐潮溼的特性。
當中有許多品種的莖幹會隨著生長豎立，可長到和灌木差不多高，
且莖幹前端還會長出有如大型花朵的蓮座狀葉叢，十分具有觀賞價值。
葉色則有漆黑、斑點等豐富樣貌，春秋生長期充分照光便能產生漂亮的色澤。
植株開花後可能會枯萎，建議盡早剪斷花莖，這麼做還能促進子株的生成。

〔 蓮花掌屬的特徵 〕

漂亮的蓮座狀葉叢

莖幹前端的葉片緊密
交疊，構成整齊的蓮
座狀，形狀美得像朵
花。圖為葉片帶有圓
潤感的紫羊絨。

藉由修剪打造優美分枝

隨著成長，蓮花掌屬
的植株會長成灌木的
型態。這時若疏剪過
長的莖幹，植株便會
從切口的下方冒出新
芽、開枝散葉，也因
此可透過修剪，整理
成想要的樹形。圖為
黑法師。

〔 栽培時間表 〕

	1月	2月	3月	4月	5月	6月	7月	8月	9月	10月	11月	12月
生長週期（生長期、休眠期）	休眠期		生長期				生長緩慢期	休眠期		生長期		
開花				開花								
移植、分株、扦插												
施肥												

〔 日常照顧 〕

澆水、施肥

生長期時，當土壤表面轉乾就要充分澆水。冬夏
休眠期若太過潮溼會導致根系腐爛，應留意盡量
保持乾燥，澆水頻率約每月1～2次即可。肥料
方面則可在生長期時，每月施1次稀薄的液肥。

擺放地點

建議擺在日照與通風良好的戶外。由於蓮花掌屬
不耐高溫潮溼，梅雨季時要放在不會淋到雨的屋
簷下；盛夏時則要移往半日照處，涼爽地度過夏
天。而冬天若碰到寒風與冰霜會導致植株受損，
應移到不會低於5℃以下的屋簷下，或移入室內
過冬。

移植、修剪

蓮花掌屬每1～2年移植1次即可，最佳時期是
生長期初期。若植株有徒長的情形，或想降低高
度時，也可在移植時順便疏剪，同時促使新芽生
長。作業時可想像想要的樹形，按個人喜好進行
修整。

繁殖方法

疏剪時剪下的莖幹能利用扦插法繁殖，這時可先
將該枝幹置於陰涼處約1週來風乾切口，接著再
插入乾燥的新培養土中。最佳繁殖期跟移植一樣
都是生長期初期。群生的植株可在移植時，以分
株法繁衍。此外，蓮花掌屬並不適用葉插法。

銀波錦屬
Cotyledon

銀波錦屬有許多具特別迷人特徵的品種，比如葉片長得像熊掌、帶有醒目紅邊、小葉匍匐延伸，又或是葉片帶有白粉而呈現銀灰色的品種等。

許多品種的莖幹都會隨成長逐漸豎立，最後下方會出現咖啡色的木質化構造。

初夏～秋天時，有些品種會伸出修長的花莖，開出鐘形小花，這也是魅力所在。

銀波錦屬雖耐旱，但不耐高溫潮溼，栽種時要小心別讓植株長期淋雨。

〚 **銀波錦屬的特徵** 〛

絨毛覆蓋的葉片

葉片表面的絨毛是植株在原生地為免於強光與乾燥而特化出的構造。若是長時間淋雨會導致絨毛容易從葉片脫落，需多加留意。圖為熊童子。

葉片表面帶有白粉

葉片表面覆蓋的白粉跟絨毛一樣，是植株進化保護葉片免於強光與乾燥的構造。這些白粉如果淋到水就會脫落，因此要小心不要讓葉片碰到雨滴或水分。此外，葉緣帶有紅邊也是銀波錦屬的特徵之一。圖片品種為銀波錦。

圖片左起為帶有紅邊的大瑞蝶、匍匐生長的達摩福娘、葉片形狀猶如熊掌的熊童子、銀灰色大波浪葉片十分動人的銀波錦、初夏時會開出可愛吊鐘狀花朵的小黏黏，以及帶有白斑看起來很清爽的熊童子錦。
※品種介紹請見 p.107。

BASIC DATA

學名：*Cotyledon*
科名：景天科
屬名：銀波錦屬
原產地：南非、阿拉伯半島南部
生長類型：春秋生型
繁殖法：分株、扦插

〘 栽培時間表 〙

	1月	2月	3月	4月	5月	6月	7月	8月	9月	10月	11月	12月
生長週期（生長期、休眠期）	休眠期		生長期			半休眠期			生長期		生長緩慢期	
開花												
移植、分株、扦插												
施肥												

〘 日常照顧 〙

澆水、施肥

生長期時，當土壤表面轉乾就要充分澆水。葉片帶有白粉的品種要小心不要對著葉片澆，而是澆在土壤上。銀波錦屬不耐悶熱，夏天應減少澆水次數並盡量保持乾燥；冬天壓到每月1～2次讓植株休養生息。肥料則建議在生長期初期的3～5月與9～10月，每月施1次稀薄的液肥。

擺放地點

生長期要放在日照與通風良好的陽台或屋簷下；高溫潮溼的夏天則應移到半日照處避開強光。冬天須避免接觸寒風與冰霜，建議把植株移入不會低於5℃以下的室內，擺在能充分照光的窗邊。

移植、修剪

銀波錦屬須每1～2年移植1次，且要在生長期初期施行。這時可添加少量的緩效肥作為基肥，並將植株移植到比之前大上一圈的盆器。若有徒長或想修低樹形時，也可在移植時同時疏剪。

繁殖方法

可用分株與扦插法繁殖。親株不只一株，而是有由多株構成時，就能進行分株繁殖。扦插則能利用疏剪時剪下的枝幹（使用健壯的枝幹）來作業。這時請將枝幹放在半日照處1週～10天左右以確實風乾，接著再插入乾燥的用土中，而後等大約1後才能開始澆水。

風車草屬
Graptopetalum
風車草屬 × 佛甲草屬
Graptosedum

蓮座狀葉叢也有各種型態。左上起順時鐘依序分別為群生小葉轉紅時會呈粉紅色的丸葉秋麗、細長葉片交疊生長的秋麗、青銅色葉片令人印象深刻的姬朧月，以及帶有美麗灰調中性色的朧月。丸葉秋麗與朧月為風車草屬，其餘兩種則為風車草屬×佛甲草屬。
※品種介紹請見 p.108。

BASIC DATA

學名：*Graptopetalum・Graptosedum*
科名：景天科
屬名：風車草屬、風車草屬×佛甲草屬
原產地：美國西南部～墨西哥
生長類型：春秋生型
繁殖法：分株、扦插、葉插

風車草屬隆起的厚葉片呈蓮座狀開展，形狀猶如花朵。

此族群接近擬石蓮花屬（p.18），因此擁有直立的莖幹，也有許多會產生漂亮紅葉的品種。

母株容易生出子株，最終成群生長。春夏之際還會開出黃色或橘色的花。

風車草屬×佛甲草屬（*Graptosedum*）是風車草屬與佛甲草屬（p.14）雜交後誕生的品種。

此外，還有風車草屬和擬石蓮屬（p.18）的雜交種──風車草屬×擬石蓮屬（*Graptoveria*）。

〔 **風車草屬／風車草屬×佛甲草屬的特徵** 〕

莖幹容易徒長

此二屬的莖幹都容易隨生長而逐漸豎立。若放在日照不足的地方，會有生長遲緩的現象，應使其充分照光，才能養出形狀緊湊的植株。圖為生長迅速的朧月。

以葉插法就能簡單繁殖

像是秋麗或丸葉秋麗這樣葉片只用手輕碰就容易一片片掉落的品種，大多有這項特徵。可以說葉片容易取下的品種做葉插時都很容易發芽，非常適合用葉插法繁殖。

〔 **栽培時間表** 〕

	1月	2月	3月	4月	5月	6月	7月	8月	9月	10月	11月	12月
生長週期（生長期、休眠期）	生長緩慢期	休眠期		生長期				半休眠期		生長期		
開花												
移植、分株、扦插、葉插												
施肥												

〔 **日常照顧** 〕

澆水、施肥

當土壤表面轉乾就要充分澆水。夏天應控制水量並盡量保持乾燥；冬天則幾乎斷水。而若養在室內，也可每月對葉片噴霧1～2次。肥料方面，建議在生長期初期的3～5月與9月中旬～10月，每月施1次稀薄的液肥。此外，需留意施太多肥可能會導致徒長或無法產生紅葉。

擺放地點

建議放在日照與通風良好的陽台或屋簷下。注意如擺在室內或陰暗處，會導致植株容易徒長。朧月與秋麗等是強壯且耐寒的品種，只要小心冰霜與結凍，就算冬天也能在戶外栽種。

移植、修剪

移植要在生長期初期進行。若有根系阻塞的情形，換盆時要輕輕鬆落土團1/3的土壤後，再移植到大上一圈的盆器中。由於此屬的葉片一碰就容易掉落，作業時應盡量不要觸碰。而如果植株的高度太高，也可在移植時順便疏剪。

繁殖方法

可用分株、扦插、葉插進行繁殖。將移植時取下的葉片，擺在置於半日照處的土壤上就會發芽。扦插時則是將剪下的莖幹放在半日照處，花1週～10天徹底風乾切口，之後再插入乾燥用土中。澆水則要再1週後才能開始。

厚葉草屬
Pachyphytum

厚葉草屬 × 擬石蓮屬
Pachyveria

學名：*Pachyphytum · Pachyveria*
科名：景天科
屬名：厚葉草屬、厚葉草屬 × 擬石蓮屬
原產地：墨西哥
生長類型：春秋生型
繁殖法：分株、扦插、葉插

BASIC DATA

上排左起為葉尖染上淡紫色的月美人、
銳利的葉尖簡潔有力的 Hialium。中央
是雕刻般的葉片充滿特色的千代田之
松。下排左起則為華麗奪目的月花美
人，以及帶有典雅紫紅色的紫麗殿。
Hialium、紫麗殿為厚葉草屬 × 擬石蓮
屬，其餘三種都是厚葉草屬。
※品種介紹請見 p.109。

厚葉草屬具有肥厚的葉片，裹著白粉的精緻模樣充滿美感，是相當受歡迎的品種。
其中也有許多品種的莖幹會隨生長逐漸挺立，姿態生氣蓬勃。
若植株造型凌亂時，也可依喜好修剪，將植株重新修整成緊湊的模樣。
此外，日照不足會導致葉色不佳、植株徒長，生長期應充分照光。
厚葉草屬×擬石蓮屬（*Pachyveria*）是厚葉草屬與擬石蓮屬（p.18）的雜交種，
兩者的外觀非常相似。

〔 厚葉草屬／厚葉草屬×擬石蓮屬的特徵 〕

隆起的葉片

玲瓏圓潤的葉片既可愛又充滿魅力。不同品種的葉片形狀與大小各不相同，其豐富的多樣性極富觀賞價值。圖為千代田之松，像是切削出來的多面體葉片看起來十分有趣。

帶有白粉的類型

雖然有藍色調、紅紫色等不同葉色，但許多品種的葉片表面都覆有白粉，而這也是此屬的一大特徵。圖為月美人。淋到雨水或用手擦到，白粉就會掉落，因此要小心不要讓植株淋雨，也不要用手去碰。

〔 栽培時間表 〕

	1月	2月	3月	4月	5月	6月	7月	8月	9月	10月	11月	12月
生長週期（生長期、休眠期）	休眠期		生長期				半休眠期		生長期		生長緩慢期	
開花												
移植、分株、扦插、葉插												
施肥												

〔 日常照顧 〕

澆水、施肥

鼓脹的葉片中蓄含許多水分，因此基本上應盡量保持乾燥。生長期要等土壤表面轉乾2～3天後，再充分澆水。盛夏時建議每10天1次，並在涼爽的午後給水；冬天則保持乾燥，等葉片出現皺褶後再少量給水。肥料亦建議少給，以免植株徒長。此外，可在生長期初期施予稀薄的液肥。

擺放地點

生長期時，要擺在長時間日照與通風良好處。由於雨水會打掉葉片的白粉，因此建議放在屋簷下。盛夏時節要移往半日照處，避免陽光直射；冬天則要避寒，應移入室內日照良好的地點。

移植、修剪

移植的最佳時期為生長期初期，頻率約每1～2年1次，且要將植株移植到大一圈的盆器中。作業時應小心謹慎，以免碰掉葉片表面的白粉。這時建議可抓取不顯眼的植株下端。另外，長太高的植株也可以在換盆時疏剪以修整樹形。

繁殖方法

可用分株、扦插、葉插進行繁殖。輕鬆摘下的葉片可用於葉插，將葉片擺在置於半日照處的土壤上就會發芽。扦插則是使用疏剪時剪下的莖幹作業，在半日照處花1週～10天徹底風乾切口後，插入乾燥用土中。澆水則要從1週後再開始。

左列上起3種分別為優美葉色的 Black Mini、Aldo Moro、Tectorum 'Red Purple'。下方左起3種分別為 More Honey Blue Horizon、野馬、酒井。右列上起3種則分別為植株整體覆蓋白毛的 Cobweb Joy 與 Gazelle，以及最下方的 Splite。
※品種介紹請見 p.110。

長生草屬
Sempervivum

BASIC DATA

學名：*Sempervivum*
科名：景天科
屬名：長生草屬
別名：蜘蛛網長生草
原產地：歐洲中南部的高山地帶
生育型：春秋生型
繁殖法：分株、扦插

長生草屬從以前在歐洲就很有人氣，不但植株大小多樣，蓮座狀葉叢的色彩亦十分豐富。
其中更有纏繞白絲的類型，特殊的外觀醞釀出精緻又豪放的美。
此屬十分耐旱、耐寒，紅葉時期和早春時，葉片還會染上紅色，栽培期間可欣賞葉色的變化。
長大成熟的植株會伸出匍匐莖，而後於前端長出子株並成群生長。
長生草屬會從蓮座狀葉叢的中心長出花莖並開花，不過開花後該植株就會枯萎死亡。

〚 長生草屬的特徵 〛

以子株繁衍

當子株長滿盆器後，便能將其溫柔地連根拔下，除去枯葉後，即可種入另一個盆器中。輕鬆就能以分株方式繁衍這點是長生草屬的魅力之一。

伸出匍匐莖來繁衍

早春時，呈蓮座狀開展的葉片根部會長出匍匐莖，並在尖端冒出子株。等子株長到一定大小後，就能將其剪下來種植。

〚 栽培時間表 〛

	1月	2月	3月	4月	5月	6月	7月	8月	9月	10月	11月	12月
生長週期（生長期、休眠期）	生長緩慢期		生長期					休眠期		生長期		生長緩慢期
開花				○──	──	──	○					
移植、分株、扦插				○──	──	○			○──	○		
施肥				○──	──	○						

〚 日常照顧 〛

澆水、施肥

生長期時，等土壤表面轉乾就要充分澆水。由於長生草屬很耐旱，應留意不要澆太多水。夏天要盡量保持乾燥，留意悶熱的環境；冬天則一樣也要保持乾燥。春秋生長期初期可每月施1次稀薄的液肥。

擺放地點

長生草屬十分耐寒，冬天時也可在戶外過冬。然而此屬不喜歡夏天高溫潮溼的環境，應放在能躲避強烈日照且通風的半日照處，涼爽地度過夏天。春天與秋天的宜人季節則擺在日照與通風良好的地方即可，還記得要避雨。

移植

春天的3～5月、秋天的9月中旬～10月是最適合移植的時期。長生草屬的根系很容易纏繞生長，應每1～2年移植1次。高溫潮溼的時節，悶熱的環境容易導致根系腐敗，因此建議要種在透氣性與排水良好的土壤中。

繁殖方法

換盆的同時，能順便進行分株或扦插。群生的子株可進行分株；匍匐莖上長出的子株則可從前端剪下來做扦插。而無論哪種子株，都要放在陰涼處風乾約1週後再栽種，澆水則要再等1週才能開始。

黃菀屬
Senecio

厚敦菊屬
Othonna

學名：*Senecio・Othonna*
科名：菊科
屬名：黃菀屬、厚敦菊屬
原產地：非洲、馬達加斯加、印度、墨西哥
生長類型：春秋生型、夏生型、冬生型（依品種而異）
繁殖法：分株、扦插

BASIC DATA

最左起順時鐘為包覆白色纖維的新月，後方是葉片像杏仁果的京童子，再來是覆有白毛的銀月、以葉片形狀命名的箭葉菊、紫色莖幹令人印象深刻的 Ruby Necklace，以及桃子狀葉片低垂的 Peach Necklace。Ruby Necklace 是厚敦菊屬，其餘都是黃菀屬。
※品種介紹請見 p. 111。

黃菀屬、厚敦菊屬同為菊科的夥伴。原產地為乾燥地帶，因此討厭潮溼，
但根部很細，也不耐極度乾燥的環境，栽培時要留意不能太乾。

黃菀屬的品種型態多樣，有的具攀緣性，還有覆白毛等類型。黃菀屬的生長類型依品種分
成3類，厚敦菊屬全都是夏天休眠的冬生型。

雖然兩者的生長類型不同，但都具有在春、秋生長，且不耐夏季高溫的共通點。

〚 黃菀屬、厚敦菊屬的特徵 〛

美麗的銀色葉子

纖細白毛包覆的葉片
看起來既柔軟又有天
鵝絨般的美麗質感。
若持續淋雨會導致絨
毛容易脫落，應注意
不要長期淋雨，且澆
水時也要小心。圖為
黃菀屬的銀月。

成串低垂的葉子

鼓脹的厚葉成串生長
在細長又有攀緣性的
莖幹上，並以匍匐的
方式延伸，從盆器邊
緣垂落的姿態衍生出
無限魅力。
圖為黃菀屬的Peach
Necklace。

〚 栽培時間表 〛

	1月	2月	3月	4月	5月	6月	7月	8月	9月	10月	11月	12月
生長週期（生長期、休眠期）	休眠期		生長期					半休眠期		生長期		生長緩慢期
開花						開花						
移植、分株、扦插												
施肥			春秋生型、夏生型					春秋生型、冬生型				

〚 日常照顧 〛

澆水、施肥

潮溼容易導致根系腐敗，應等土壤全乾後再澆
水。生長期能澆水時就要充分給水，盛夏與隆冬
時節不用斷水，但要盡量保持乾燥，同時注意要
維持在根部不會乾掉程度。施肥方面建議每月施
1次稀薄的液肥，春秋生型是3～6月與9～10
月、夏生型是3～6月、冬生型則為9～10月。

擺放地點

生長期要擺在日照與通風良好的屋簷下或陽台
等，並小心不要淋雨。夏天直射的陽光會造成葉
片燒傷或讓植株變得脆弱，應移往明亮的半日照
處。冬天則要移入簡易棚架或室內的明亮處。

移植、修剪

每1～2年需移植1次，並在生長期初期施行。
先準備大上一圈的盆器，溫柔地揉鬆土團後，撥
掉1/3的土壤，接著種入新的用土中。這時可
順便替植株去除枯葉，同時進行疏剪。

繁殖方法

移植時疏剪下的莖幹可用來做扦插繁殖。剪下每
枝皆長約4～5cm的枝條，放在陰涼處花1週～
10天風乾切口後，插入乾燥用土中。至於澆水
則要再等1週才開始。此外，分株也是在這個時
期作業。

多肉健康長壽的必備知識

多肉植物中有許多生長迅速的品種，然而隨著成長，植株會出現外形紊亂、根系過剩等問題。為了讓植株能美觀、健康地成長，我們需適時地移植和疏剪。

《 移植 》

移植的頻率基本上為每1～2年1次。透過梳理老舊根系，能讓新根得以順利生長，進而促進植株的成長。此外，若長時間沒有換盆，土壤會變硬，透氣性也會變差，而這些也是造成根系腐爛的原因。圖為一直在缽苗的狀態下種了約2年的擬石蓮花屬Area Node（エリアノード），可以看到下葉已枯萎乾癟。

BEFORE　　　　　AFTER

先用手摘除枯萎的下葉。接著在盆底鋪上盆底網後，添入高約1/5的盆底石。

在步驟 1 添入一層薄薄的多肉植物用培養土。

加入少量緩效肥作為基肥，接著再鋪上一層培養土，量大約能把基肥蓋住即可。

將植株連同土團從苗盆中取出後，稍微整理土團，這時要鬆落舊土、去除老舊根系。

於步驟 3 上用單手抓好植株，使用填土器具慢慢從縫隙填入土讓，同時也要留意不要讓培養土落到葉片上。

填到保留澆水空間的高度後，用竹筷戳刺，讓培養土填滿根部間的縫隙以穩定植株。移植完成後應充分澆水。

《 修整過長的植株 》

若放任會向上生長的直立性多肉植物隨意生長，植株便會恣意地長成狂野的模樣。然而，若下方沒有葉片保護，容易造成植株燒傷，因此這時就需替植株修整翻新。圖為徒長而外形崩壞的佛甲草屬銘月。剪下的枝幹可用扦插法移植到新盆，而疏剪後的植株也會冒出新芽重獲新生。

BEFORE　　　　　　AFTER

1

從植株底部剪下徒長瘦弱的枝條。由於母株已有冒出新芽，作業時要小心不要碰傷。

2

較短的枝條也要剪下，母株僅保留2～3片下葉，留下的葉片處會冒出新芽。

3

將步驟 1 剪下的枝條，在前端部約2～3cm處剪斷。

4

依循步驟 3 的方式，將枝條的其他前端部全部剪下。這些前端部可用於扦插，而留在枝條上的葉片則可用於葉插。剪下的枝幹要放在陰涼處，花1週左右風乾。

5

在新的盆器內添入培養土後，插入步驟 4 的前端部。為方便插入土中，這時可摘除下葉，而摘下的葉片也能用於葉插。上方 AFTER 的圖片為步驟5過2個月後的模樣。

6

在步驟 2 剪去徒長莖幹的母株經過2個月後也開始冒出新芽。

各類繁殖法

如同各類品種頁面的詳細介紹，繁殖主要分為扦插、葉插與分株這3種方式。不同生長型態的繁衍方式各不相同，敬請參考PART.1品種頁，體驗繁殖的樂趣。

《 扦插 》

如果是莖幹有直立性、會向上生長的類型，可以將其前端剪下後，插入用土中繁殖，而此種方式就叫扦插。多肉植物會在乾燥的狀態下發根，因此繁殖技巧是要先將切口風乾後，再插入用土中。修剪時若有替母株保留4～5片葉子，會較容易冒出新芽。此外，扦插時應盡量使用健壯的枝幹。

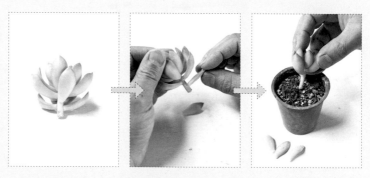

為了更容易插入土中，扦插時應摘除下葉，還要記得讓切口在陰涼處風乾約1週～10天左右後，再插入乾燥的培養土中。另外，摘除的下葉可用於葉插繁殖。而澆水則是要在扦插作業過約1週，等根長出來後才能開始。圖為佛甲草屬的黃麗。

《 葉插 》

多肉植物中有許多葉片很容易剝落的品種，然而從莖幹脫落的葉片不但不會枯萎，還會從生長點冒出新芽，繁衍出下一代。而利用此特性繁殖的方法就是葉插法。據說葉子輕碰就能輕易取下的品種較適合葉插，反之較難取下的就是不適合的品種。此外，葉插的作業方式十分簡單，只需將葉片置於乾土上即可，且觀察其成長過程也非常有趣，令人百看不厭。

只需在淺盆內鋪上新培養土後放上葉片，葉子的根部（生長點）便會冒出小葉，最終長成子株。當根出來後就能開始澆水，這時要擺在通風良好的明亮半日照處栽培。子株會吸取原本葉片的養分成長，而被吸走養分的葉片則會逐漸萎縮。圖為佛甲草屬。

《 分株 》

橫向生長型的品種，根部會隨著成長逐漸繁盛並堵塞在盆器中，導致吸水的狀況變差，而這時就需要分開植株、梳理根系，將植株分成小株後重新栽種。此外，子株群生的類型也一樣可利用分株法分開子株後，分種到不同盆器中，好讓每棵子株都能各自健康地成長。

從盆器中取出整個土團，用手指摸索根部的劃分處來分開根系，再用拇指鬆開交纏的莖部與葉片，把土壤上方的部分也分開。此外，亦可配合盆器尺寸切除根部的下部。圖為青鎖龍屬的Little Missy。

装飾
多肉植物

組合單盆的裝飾

每盆只種1個品種的「單盆」，可配合每棵植物的特性給予照料，不僅栽培容易，還能輕鬆移到喜歡的位置，裝飾的方式極富變化。

室外

排列在屋簷下

將造型類似的盆栽並排擺放，為整個棚架帶出整體感；或利用高低、大小的差異，營造講究的陳列。左圖上排左起分別為星兔耳、若歌詩、紫羊絨、仙人之舞、小米星、新玉綴，下排左起為仙女之舞、虹之玉錦、大型姬星美人、天堂心。

想充分利用有限空間時，可運用能上下擺放的棚架。無論是會向上延伸也會橫向擴展並低垂、型態充滿動態感的佛甲草屬，或是柔軟又具有天鵝絨質地、模樣有趣的伽藍菜屬，還是葉片形形色色的青鎖龍等，只需將這些充滿個性的小盆栽簡單排列，就能打造出可愛造景。此外，還能依心情改變擺放位置，輕鬆讓庭園角落的煥然一新。

※新玉綴、虹之玉錦、大型姬星美人為佛甲草屬；星兔耳、仙人之舞、仙女之舞為伽藍菜屬；若歌詩、小米星、天堂心為青鎖龍屬；紫羊絨則為蓮花掌屬。

室外
吊在樹下

能緩和夏季強烈日照的樹蔭底下清涼、明亮又通風，非常適合多肉植物生長。
這裡是將垂枝優美的絲葦屬等具有攀緣性的類型高低懸掛，也可組合大小不同
的盆栽裝飾出協調感。而遇到下大雨的日子或冬天時，則要記得移動到屋簷下
或5℃以上的明亮室內。

懸吊法不但通風，盆器內的
水分也較容易散去，對於討
厭潮溼的多肉植物而言是好
處多多的裝飾方式。圖片左
起為 Ruby Necklace、Green
Necklace、松風翡翠珠。

※Ruby Necklace為厚敦菊屬，松風是絲葦屬，翡翠珠則為黃菀屬。

室內

裝飾於棚架

不耐陽光直射的十二卷屬可作為室內裝飾。建議各位可在明亮的室內，替植物們打造一個漂亮的專屬棚架。同樣喜歡微弱光線的絲葦屬可擺在左下角，為整體增添動態感；而左上的仙人掌若盡量保持乾燥的話也可養在室內。不過，由於這種裝飾法只有一面能照到光線，應適時地轉動盆栽，讓每面都能照到光。

棚架上最顯眼的中段使用了成套的盆器來營造韻律感，而這麼做還能凸顯品種的特色。上排左起為幻樂與短毛丸，中段為鏡球、皮克大、玉露，下排左起則為柯氏絲葦、姬玉露、寶之壽。

※幻樂與短毛丸是仙人掌科，柯氏絲葦是絲葦屬，其餘皆為十二卷屬。

擺在窗邊

若想將擁有美麗尖刺、狂野姿態充滿特色的龍舌蘭屬、蘆薈屬或仙人掌科養在室內時，應選擇日照充足的明亮窗邊。而為了凸顯多肉植物的魅力，這裡全都選用氛圍沉穩的復古風馬口鐵製盆器。此外，由於室內的透氣性較室外差，應減少澆水並盡量保持乾燥。

龍舌蘭屬、蘆薈屬或仙人掌科都是不耐寒冷的夏生型，將特性相似的品種擺一起也比較方便栽培。圖片左起分別為Eximia、甲蟹、頭狀蘆薈與般若。

※甲蟹為龍舌蘭屬、般若是仙人掌科，其他則都是蘆薈屬。

葉片交疊形成蓮座狀葉叢的擬石蓮花屬與風車草屬 × 擬石蓮屬的種類繁多，
大小與葉色變化亦非常豐富。而在只混植形狀類似的品種時，
可組合大小不同的植株，利用尺寸做出變化。
另外，也建議應間隔栽種，好更完整地展現植株漂亮的輪廓。

使用的多肉植物

a：擬石蓮花屬・大雪蓮 (p.89)

b：風車草屬×擬石蓮屬・Purple King (p.108)

c：擬石蓮花屬・多明戈 (p.88)

d：擬石蓮花屬・Iria (p.86)

e：擬石蓮花屬・阿爾巴 (p.86)

f：擬石蓮花屬・野玫瑰之精 (p.88)

準備器具

直徑22cm×高度11cm的濾盆（濾水用的盆器）

＊不含手把的尺寸。

先種下大雪蓮（1），接著再種入Purple King（2）。有較大型的株苗時，應從大棵的開始種植較容易掌握平衡。

種下多明戈（3）後，在對面種入Iria（4），然後是前側迷你尺寸的阿爾巴。最後，種入野玫瑰之精（6）就完成了。

POINT

配合盆器的濾盆顏色，選用帶有銀色調的淡色品種統一整體形象。

集結伽藍菜屬的「兔耳系列」

覆有白毛、質地蓬鬆的橢圓形葉片猶如兔耳。
即使是同屬的夥伴，也有顏色與斑點等個體差異，能藉此分辨不同品種。
然而這些植株的共通點是都具有灰色調的成熟氛圍，
可配合富有雅趣的盆器，營造出沉穩的印象。

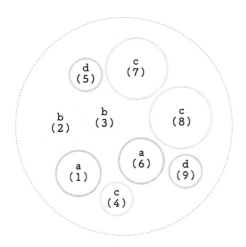

使用的多肉植物

a：伽藍菜屬・黃金兔（p.92）
b：伽藍菜屬・白兔耳（p.92）
c：伽藍菜屬・月兔耳（p.92）
d：伽藍菜屬・黑兔耳（p.92）

準備器具

直徑11cm×高度7cm的馬口鐵製盆器
＊盆底有開排水孔（→p.80）。
小顆粒赤玉土
裝飾用片狀花插

1

先 在離盆緣有點距離的位置種下黃金兔（1）。這裡要留意盆器與多肉植物間在整體上應保留間距，以凸顯蓬鬆感。

2

在黃金兔之後，並排種入白兔耳的大、小株苗（2、3），這時小株的要種在內側。接著在黃金兔的右前方種入月兔耳（4）。

3

依序種入黑兔耳、黃金兔（5、6）後，於後方再種上一株月兔耳（7）。

4

最後依序放入月兔耳、黑兔耳（8、9）後就完成了。栽種時要記得讓所有品種都能在正面展示出來，比如把較矮小的株苗安排在前側，這樣便能一目了然地欣賞差異。

5

在表面鋪上薄薄的赤玉土做收尾，襯托蓬鬆質感特有的乾燥感。最後再插上裝飾用片狀花插即大功告成。

POINT
白毛中帶有焦茶色斑點的月兔耳是最普遍的品種，然而由於有許多變異個體，因而經常可以看到「○○兔耳」等其他的園藝名。

運用匍匐生長型多肉

讓型態緊湊、匍匐生長的多肉植物從盆緣垂落，打造氛圍絕佳的盆景。

利用已長到一定程度株苗，更能帶出自然的印象。

而跟只種1種品種相比，使用同性質但不同品種的植株時，

可透過塑造成一棵完整植株的方式，欣賞細膩的外觀變化。

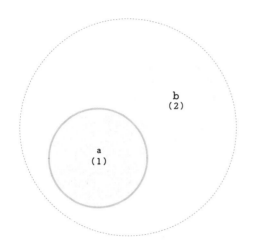

使用的多肉植物

a：風車草屬 × 佛甲草屬・小玉（p.108）
b：青鎖龍屬・姬銀箭（p.105）

準備器具

直徑12cm × 高度9.5cm的素燒盆

用雙手把小玉壓寬，用像是要包覆下一株姬銀箭的感覺，將植株種在盆緣使其自然垂落（1）。

將姬銀箭種入空位中（2），這時與步驟 **1** 的小玉之間不要保留間隙，種出猶如一株完整植株的整體感。

POINT

這種方式很適合型態、大小類似，但容易以顏色做出深淺區隔的品種。

運用向上延伸型多肉

昂然挺立的多肉植物輪廓優美，
非常適合用來做高地差的混植。
種植時，基本上應將混植的主幹安排在後方，
如此便能強調出縱向的線條感，營造華美印象。
新手建議可選擇葉形類似的品種較容易搭配。

左

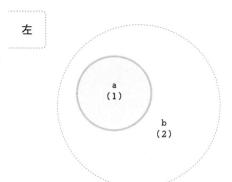

右

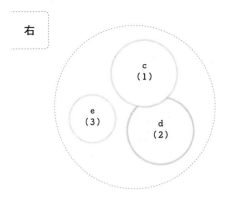

使用的多肉植物

a：佛甲草屬・黃麗 (p.82)
b：青鎖龍屬・若歌詩 (p.105)

準備器具

直徑8.5cm×高度8cm的琺瑯杯

　＊盆底沒有孔洞，需添加根腐防止劑（→p.80）。

盆底石的輕石（浮岩）　大顆粒

使用的多肉植物

c：伽藍菜屬・仙人之舞 (p.93)
d：伽藍菜屬・銀之太鼓 (p.93)
e：伽藍菜屬・千兔耳 (p.94)

準備器具

直徑15cm×高度7.5cm的琺瑯盆

　＊盆底沒有孔洞，需添加根腐防止劑（→p.80）。

盆底石的輕石（浮岩）　大顆粒

種下黃麗（1）後，在一旁右側種入較低矮的若歌詩（2），從高的品種開始比較好作業。最後，在土表鋪上輕石後就大功告成。

將主幹的仙人之舞種在後方（1），接著在右側種入高度相當的銀之太鼓（2）。

於前側種下千兔耳（3）後，收尾時在土表鋪上輕石後就完成了。

POINT
右側混植時使用的仙人之舞，其葉片顏色正反不同，為配合葉子背面的灰色，這裡選用銀之太鼓與千兔耳做搭配。

運用群生型多肉

緊湊型多肉會從母株周圍生生不息地冒出子株、恣意群生，
看起來既有立體感又充滿趣味。
混植型態凹凸有致的植株，感覺就像是在拼拼圖。
而在植株與植株間保留間隙，便能凸顯每棵植株的輪廓，
打造出充滿個性的盆景。
此外，植株種植的角度也會改變整體氛圍。

上

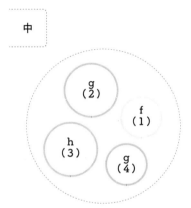

圖示：
- c（3）
- a（1）
- b（2）
- e（5）
- d（4）

使用的多肉植物

a：厚葉草屬×擬石蓮屬・紫麗殿（p.109）

b：風車草屬×擬石蓮屬・艾格利旺（p.108）

c：擬石蓮花屬・月影（p.87）

d：風車草屬・丸葉秋麗（p.108）

e：佛甲草屬×擬石蓮花屬・玉雪（p.85）

準備器具

直徑15cm×高度6cm的陶器

＊盆底沒有孔洞，需添加根腐
防止劑（→p.80）。

將具有顯眼紫色的紫麗殿種在後方，而後
是艾格利旺（1、2），接著再依序種入月
影、丸葉秋麗與玉雪（3～5）。

中

圖示：
- g（2）
- f（1）
- h（3）
- g（4）

使用的多肉植物

f：厚葉草屬・桃美人（p.109）

g：石蓮屬・密葉石蓮（p.105）

h：佛甲草屬・玉綴（p.83）

準備器具

直徑8cm×高度5cm的陶器

＊盆底沒有孔洞，需添加根腐
防止劑（→p.80）。

在後方種下桃美人後，往逆時鐘方向種入
密葉石蓮（1、2），而後依序是玉綴與密
葉石蓮（3、4）。小株要密集地栽種，較
不會顯得散漫。

下

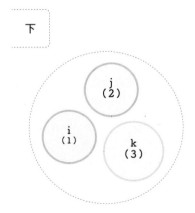

圖示：
- j（2）
- i（1）
- k（3）

使用的多肉植物

i：風車草屬・丸葉秋麗（p.108）

j：青鎖龍屬・象牙塔（p.102）

k：擬石蓮花屬・Iria（p.86）

準備器具

直徑9cm×高度5cm的陶器

＊盆底沒有孔洞，需添加根腐
防止劑（→p.80）。

在左側與後方分別種入丸葉秋麗和象牙塔
（1、2），而後則是Iria（3）。這時植株之
間應保留間隙，更能襯托出彼此的魅力。

POINT

粉色盆器搭配的是粉色系品種；藍色盆器則主要搭配粉彩綠色系的品種。

組合深淺各異的綠色

展現清爽造景時，不能光只有淡綠色，
學會利用深淺交錯來彼此烘托非常重要。
若想以同色系統一，同時又想混植出百看不厭的盆景時，
就必須運用株苗的大小、葉形等來賦予變化。
將高矮不同的株苗混植，還能帶出高低差。

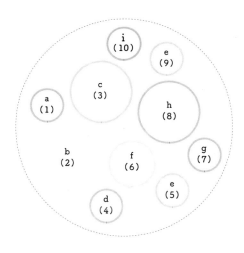

使用的多肉植物

a：伽藍菜屬・小葉長壽花（p.93）

b：擬石蓮花屬・妮可莎娜（p.89）

c：佛甲草屬 × 擬石蓮花屬・靜夜玉綴（p.85）

d：佛甲草屬・丸葉萬年草（p.84）

e：佛甲草屬・Stephanie Gold（p.83）

f：佛甲草屬・春萌（p.84）

g：擬石蓮花屬・久米之舞（p.86）

h：擬石蓮花屬・碧桃（p.88）

i：佛甲草屬・白花大唐米（p.83）

＊將Stephanie Gold分株處理。

＊種植到狹窄空間時，應鬆落土團以減少體積。

準備器具

直徑15cm×高度8cm的馬口鐵製盒狀容器

＊盆底有開排水孔（→p.80）。

混植大小不同的品種時，配置十分重要，應先替大型的妮可莎娜、靜夜玉綴、春萌與碧桃暫定位置。

從左側起以枝條頂端朝外的角度種入小葉長壽花、妮可莎娜和靜夜玉綴（1～3）。

栽種丸葉萬年草、Stephanie Gold（4、5），這時要使其超出盆緣。接著在前兩株的內側，前傾種入春萌（6）。

種入久米之舞、碧桃（7、8）。整體而言，高大的株苗旁要搭配矮小的株苗以呈現高低差，同時留意顏色的連貫性。

轉動盆器，種入Stephanie Gold（9），這時一樣要使其超出盆緣。而後在剩下的空際種入白花大唐米（10）就完成了。

POINT

讓正前方枝葉低垂的丸葉萬年草與鄰近的多肉枝幹交纏，營造出更生動自然的造景。

受到晚秋時節的寒意影響，有些多肉們會染色動人色彩，
這時可利用純白色容器，凸顯轉成胭脂紅或灰色的美麗葉色。
而刻意選用已長得有些凌亂的株苗，能替靜謐的世界增添動感。
盡量將顏色相近的植株分開栽種，
在賦予對比的同時，還能打造更豐富多彩的盆景。

組合葉片轉紅的品種

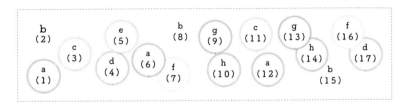

使用的多肉植物

a：佛甲草屬・Muscoideum (p.85)
b：青鎖龍屬・舞乙女 (p.104)
c：佛甲草屬・迷你蓮 (p.84)
d：青鎖龍屬・雨心 (p.102)

e：佛甲草屬・變色龍 (p.82)
f：佛甲草屬・新玉綴 (p.83)
g：青鎖龍屬・Punctulata (p.103)
h：青鎖龍屬・星王子 (p.104)

準備器具

寬度 30 cm × 深度 7 cm × 高度 9 cm 的白色鐵製容器

為了營造各種品種自然混雜的美感，須將變色龍以外的植株進行分株。作業時應手持植株底部慢慢分離，以免傷到根系。根愈細的品種要愈小心。

從左側起向左前方傾斜種入 Muscoideum、舞乙女與迷你蓮（1～3），這時要讓植株超出盆器，種出平衡感。

向左傾斜種入雨心、變色龍和 Muscoideum 後，再來是向前傾斜的新玉綴（4～7）。此時要讓 Muscoideum 像是將新玉綴包覆般垂落在其兩側。

種入舞乙女、Punctulata 與星王子，而後是迷你蓮（8～11）。由於此處是中心部（展現高度的部分），應直立栽種。

向左傾斜種下 Muscoideum、Punctulata、星王子及舞乙女（12～15）。靠近兩側時，株苗傾倒的角度愈大會顯得愈自然。

往左傾斜種下新玉綴（16），而後是雨心（17）。最後一株比較難種，應深掘土壤，好讓植株能確實扎根。

POINT
讓混植中心部（最高點）位於盆器中央偏右的位置，賦予盆景悠然伸展的感覺。

以沒有開洞的盆器栽培時

考慮到排水問題，種在有開洞的盆器是最佳選擇，然而其實只要留意澆水量，也是可以種在自己喜歡的容器中。而替沒有開洞的盆栽澆水時，在充分給水並等待數分鐘後，須將盆器傾斜以排除多餘的水分。

《 開洞 》

盆器的材質如果是鋁或馬口鐵時，可利用釘子鑿洞。
而若想幫陶器開洞時，則需要專用鑽頭，建議找園藝店等專業人士協助。

準備器具

馬口鐵製盆器、粗鐵釘、鐵鎚

這個也很便利

將粗鐵釘對準盆底中央後，用鐵鎚鑿洞。　反覆進行步驟 **1**，在底部均勻地鑿洞。可視盆器或孔洞的大小，增加孔洞數量。　如果有中心衝（可在生活用品店、五金行購買），能更輕鬆地鑿出大洞。

《 根腐防止劑 》

若盆器是玻璃或琺瑯等不能開洞的材質時，由於排水性差會導致根部容易腐敗，這時就須添加根腐防止劑。只要取適量與土壤混合，便能替根部、水分與空氣製造通道，還具有抑菌的效果。

內容物是直接乾燥的天然珪酸鹽白土，用起來安全又安心。規格有小顆粒的「MILLION」（右）與大顆粒的「MILLION-A」（左）兩種。

裝飾土壤表面

栽種時若發現土壤表面積過大時，可覆蓋自然材料，讓植物看起來更有魅力。推薦使用赤玉土或盆底石等不會太細的粒狀物，亦可考量植物本身的氛圍與葉色，選用相襯的土表裝飾。

表面裝飾也可使用特別的材料。左側混植盆（p.68）使用的是小顆粒赤玉土，右側（p.72）則是使用可當成盆底石的輕石（浮岩）。

多肉植物
圖鑑

Sedum 景天科佛甲草屬

薄化妝
Sedum palmeri

在冬天時，萊姆綠葉片的葉緣會出現粉色的紅葉現象，這時候的外觀便一如其名，像是畫上淡妝般端莊美麗。具有直立性，是較耐寒暑的品種。

黃金丸葉萬年草
Sedum makinoi 'Ogon'

耀眼的黃色小葉有如黃金般光彩奪目，是十分耐寒的品種，能當作庭園植栽種在踏石間等，且其橫向生長的特性也很適合作為地被植物。

黃麗
Sedum adolphi 'Golden Glow'

黃色系的代表品種，天冷時會產生亮麗的橘色紅葉。具直立性，頂部會隨生長逐漸加重，造成植株歪斜傾倒。別名為月亮王子。

乙女心
Sedum pachyphyllum

時至深秋，淡綠色的葉尖會染上可愛的粉色。若日照充足，且有控制好澆水與施肥量，顏色會更鮮豔。另外，此品種會以向上分枝的方式生長。

虹之玉錦
Sedum rubrotinctum 'Aurora'

充滿光澤的綠葉在天氣變冷時會產生漂亮粉色紅葉，是虹之玉的錦化品種。具有直立性，下葉會隨著生長掉落，這時可替植株疏剪，利用扦插法繁殖。

變色龍
Sedum reflexum 'Chameleon'

藍灰色的細長葉片會不斷向上分枝生長。當氣溫下降，整顆植株會產生粉色的紅葉。另外還有帶有白斑的品種變色龍錦。

小松綠
Sedum multiceps

具有直立性，莖幹的下葉會隨生長逐漸凋零，莖幹本身則會木質化，只有莖部前端的細葉飽滿蓊鬱，看起來就像是小型的松樹盆栽。天冷時，葉尖會轉紅。

珍珠萬年草
Sedum album 'Coral Carpet'

帶有橢圓形飽滿小葉的莖幹會往橫向匍匐生長。紅葉時期，深綠色葉片會轉成典雅的紅褐色。非常耐旱，能透過分株、扦插法繁殖。

黃金細葉萬年草
Sedum japonicum 'Tokyo Sun'

黃綠色鮮豔小葉交疊生長的模樣好似金平糖。貼地生長的型態很適合作為地被植物，但須留意此品種不耐悶熱，過於茂盛時，就要修剪以改善通風。

松葉佛甲草
Sedum mexicanum

天氣轉涼時，綠葉會變成鮮艷黃綠色。是非常耐寒的品種，日本關東以西的路邊隨處可見，生長型態為貼地橫向擴展，也會向上豎立。別名墨西哥萬年草。

白雪
Sedum spathulifolium ssp.pruinosum 'Cape Blanco'

藍色調的銀色小葉交疊生長，外形猶如一朵小花。此品種相當耐寒但不耐酷暑，夏天應擺在通風良好的場所並盡量保持乾燥。別名 Cape Blanco。

白花大唐米
Sedum oryzifolium f. albiflora

起初會蓬勃向上生長，當頂部過重時便會低垂並貼地擴展。建議可種在吊盆內讓枝條自然垂落。品種名的由來是因為在春天～初夏時，會開出白米大的花。

新玉綴
Sedum burrito

成串豎立生長的顆粒狀小葉會隨重量而低垂，是比玉綴更小型的品種，紅葉期會轉成黃色。可透過疏剪增加枝條數，讓植株成群生長。別名 Beer Hop。

Stephanie Gold
Sedum spurium 'Stephanie Gold'

特徵是綠葉的葉緣有鋸齒狀缺刻。莖幹會貼地橫向生長。而當氣溫下降時，植株會逐漸轉成紅褐色，是十分耐寒的品種，可作為庭園植栽。

春之奇蹟
Sedum versadense

帶有絨毛的厚葉交疊成串生長。生長期時莖幹會不斷向上延伸，須定期修剪。冬天時，葉子的背側會轉成鮮紅色，看起來嬌美可人。

玉綴
Sedum morganianum

清爽綠葉低垂生長的姿態十分優美，可種在較高的盆器內，以彰顯其魅力。枝條過長時應適時疏剪。此外，由於葉片輕碰就會掉落，需多加留意。

天使之淚
Sedum treleasei

豐滿的厚葉表面帶有白粉，具有向上生長的直立性，須適時修整。此外，當天氣轉冷時，葉尖會染上粉色。

龍血
Sedum spurium 'Dragon's Blood'

葉片在夏天是帶有綠色的銅色，寒冷時會轉成鮮明的紫紅色，這樣具匍匐性的紅色系佛甲草屬植株十分少見。耐暑、耐寒也很耐旱，適合作為庭園點綴。

虹之玉
Sedum rubrotinctum

形狀好似雷根糖的葉片相連而生,且具有向上生長的直立性。當氣溫下降時綠葉會轉紅,秋冬之際的紅葉現象非常漂亮。此品種可利用扦插與葉插法繁殖。

大型姬星美人
Sedum dasyphyllum var.alternum

藍色顆粒狀小葉在冬天時會轉成美麗的紫色。隨著生長,植株會蓬鬆地向上或往橫向延展,體積也不斷增大。春天時還會長出花莖,開出白色花朵。

春萌
Sedum 'Alice Evans'

為佛甲草屬中的大型種。萊姆綠的葉片在天氣轉涼時會帶點黃綠色,尖端還會轉成紅色。會從蓮座狀的植株底部冒出子株,是生長迅速且十分耐寒的品種。

圓葉覆輪萬年草
Sedum makinoi f.variegata

是丸葉萬年草的斑化品種。帶有白邊的綠色圓葉輕盈又清新,新芽更是特別好看。另外,此品種會貼地橫向生長,不但耐寒、耐暑也很耐旱。

覆輪萬年草
Sedum lineare f.variegata

細長的綠色小葉帶有白邊,是具有直立性的萬年草。白斑會隨著寒氣逐漸染上粉色。而當植株長得過於凌亂時,就要進行修剪。

Brevifolium
Sedum brevifolium

帶有無數超小型藍灰色圓葉的莖幹會向上生長,直立群生的植株鬱鬱蔥蔥。非常耐寒,但不耐夏季悶熱,栽培時須留意通風性。

迷你蓮
Sedum prolifera

具有厚度的藍白色小葉呈蓮座狀生長,冬天時會有淡粉色的紅葉。植株側邊會冒出匍匐莖,生動的模樣惹人憐愛。是相對耐寒、耐暑的品種。

松之綠
Sedum lucidum

帶有光澤感的圓潤綠葉在天氣變冷時,葉尖會染上紅色。植株具有向上生長的直立性,但生長速度緩慢。十分耐寒、難旱,但不耐夏季高溫潮溼的天氣。

丸葉萬年草
Sedum makinoi

黃綠色圓形小葉交疊生長的模樣相當清爽。是日本的原產品種,在當地容易培育。可利用其匍匐性讓植株枝條從盆邊自然垂落。栽種時小心不要澆太多水。

銘月
Sedum adolphii

與黃麗同為黃色系的代表品種，特徵是細長的外形與沉穩的色調。具有直立性，會隨生長逐漸分枝，深秋時還會產生淡橘色的紅葉。

Muscoideum
Sedum muscoideum

顆粒狀葉子在紅葉期會轉成典雅的紫色。生長型態比起貼地，更像是往向斜上方延伸，模樣相當活潑。是相對耐寒、耐暑的品種。

魯賓斯
Sedum rubens

外觀如小型玉綴，模樣俏麗可愛。黃綠色葉子在紅葉期會變成橘色。紅色的莖幹也令人驚豔。植株不會直立，而是低垂生長，建議可養在吊盆內觀賞。

紅色漿果
Sedum rubrotinctum 'Red Berry'

粒粒分明的圓葉會茂盛地直立生長，而綠葉到冬天還會轉成鮮紅色，外觀就像熟透的漿果。據說此品種是虹之玉的矮性種，十分耐寒、耐旱。

佛甲草屬的近親

Hylotelephium
景天科八寶屬

圓扇八寶
Hylotelephium sieboldii

日本的原生種，在當地整年都能養在戶外。藍色調的圓形綠葉有粉色鑲邊，莖幹會先往斜向生長後逐漸豎立。另外，此品種還會產生美麗的紅色紅葉。

佛甲草屬與擬石蓮花屬的雜交種

Sedeveria 景天科佛甲草屬 × 擬石蓮花屬

玉雪
Sedeveria 'Yellow Humbert'

佛甲草屬乙女心與擬石蓮花屬靜夜的雜交種，具有直立性。別名為柳葉蓮華。葉形飽滿細長，葉尖還會產生橘粉色的紅葉。

靜夜玉綴
Sedeveria 'Harry Butterfield'

佛甲草屬玉綴與擬石蓮花屬靜夜的雜交種，直立後會逐漸低垂。粉彩綠的葉子十分美麗。栽培時須特別留意夏季悶熱的環境。

Echeveria 景天科擬石蓮花屬

Arctic Ice
Echeveria 'Arctic Ice'

覆有白粉的藍色調葉片優雅美麗，蓮座狀葉叢也非常好看。夏天時要小心葉片燒傷，須移往半日照處並盡量保持乾燥。冬天時，葉尖會帶點淡淡的粉色。

阿爾巴
Echeveria elegans 'Alba'

通透的奶綠色葉片優雅美麗，飽滿圓潤的蓮座狀葉叢也相當可愛。生長速度緩慢，天冷時葉尖會染上粉紅色。

Iria
Echeveria 'Iria'

淡綠色葉片在冬天會轉成通透的乳白色，別名水晶。是很容易長出子株的品種，植株會成群交疊生長。夏天時要移往半日照處，並盡量保持乾燥。

翡翠波紋
Echeveria 'Emerald Ripple'

學名來源於葉片漂亮而深邃的祖母綠，而葉尖則是呈粉色。是相對耐寒、耐暑的品種。天氣轉涼時，葉片會轉紅，產生美麗的紅葉現象。

Autumn Fire
Echeveria 'Autumn Flame'

帶有光澤的酒紅色大波浪葉片，深邃感令人印象深刻。花朵為紅色，會在春夏之際開花。冬天須移到5℃以上的環境栽培。

Oparl
Echeveria 'Oparl'

紫紅色的鮮豔葉片十分惹眼。植株具直立性。天氣變冷時葉色會加深，變得鮮豔。若有給予充足日照，紅葉現象會更明顯。夏天應擺在半日照處保持乾燥。

獵戶座
Echeveria 'Orion'

葉片為覆有白粉的紫灰色，葉緣則帶有淡粉色的鑲邊，是荷蘭的原生品種。在秋天時會因紅葉現象而逐漸轉成清透的紫色。

銀武源
Echeveria 'Ginbugen'

葉片為帶藍色調的乳白色，整體都覆有白粉。具有漂亮的蓮座狀葉叢，養大後植株底部會開始冒出子株，春夏之際則會開出橘色的花朵。

久米之舞
Echeveria spectabilis

深綠色葉片在天冷時葉尖會染上紅色，展現動人的樣貌。莖部具有向上生長的特性，下葉脫落、莖幹出現木質化時，就要修剪植株。可透過扦插法繁殖。

老樂
Echeveria peacockii 'Subsessilis'

為藍石蓮的變種，不但葉形更圓，體型也更大。帶有粉色鑲邊的藍灰色葉片十分優美，天冷時邊緣的粉色會變深。當植株長到一定程度後會開始群生。

玉點
Echeveria 'Jade Point'

細長的綠葉擁有又紅又銳利的葉尖。天氣轉冷時，整顆植株都會染上漂亮的紅色。相當耐暑、耐寒，生長旺盛，整株可以長得很大。

沙維娜
Echeveria shaviana

蓮座狀葉叢邊緣帶有細小波浪，葉片表面覆有白粉，粉紫色的漸層相當華麗。由於不耐酷暑，夏天時須要遮蔭。可用扦插法繁殖。

瓊丹尼爾
Echeveria 'Joan Daniel'

特徵是襯托綠葉的紅邊，以及葉片背側的紅色紋路，深秋時葉色會漸漸轉紅。由於此品種的葉片很容易悶爛，澆水時要注意澆在土壤上。

Serrana
Echeveria 'Serrana'

優雅的紅褐色葉片外形修長、尖端銳利。春夏之際會開出橘色花朵，冬天時植株會轉成深巧克力色。是相對耐暑、耐寒的品種。

高砂之翁
Echeveria 'Takasago No Okina'

線條平緩的大波浪葉片交疊生長，算是大型品種。秋天氣溫下降會產生鮮紅色的紅葉。栽培時須留意長期淋雨容易爛葉。生長旺盛，莖幹豎立的速度很快。

吉娃娃
Echeveria chihuahuaensis

偏厚且覆有白粉的淡色葉片整齊地排成蓮座狀，粉色的葉尖相當討喜。到了紅葉時期，葉尖的粉色會更加明顯。生長緩慢，可用葉插法繁殖。

月影
Echeveria elegans

月影是有名的原種。覆有白粉的淡綠色葉片，邊緣透明而神祕。冬季會出現淡粉色的紅葉。子株容易群生，生長速度緩慢。

Deresseana
Echeveria 'Deresseana'

厚厚的銀藍色葉片交疊成漂亮的蓮座形狀。天冷時整顆植株會轉成粉紅色。冬天能忍受的最低溫是5℃左右，要避免接觸冰霜與寒風。

多明戈
Echeveria 'Domingo'

葉片偏薄，帶白粉的淡藍色十分美麗。天冷時，綠葉會染上優美的粉色。莖幹會向上生長，並群生出子株，這時就須替植株修剪、移植。

霓浪
Echeveria 'Neon Breakers'

波浪狀大型葉片帶有螢光粉鑲邊，外觀十分搶眼。冬天時整棵植株會轉成華麗的紫紅色。最大能長到直徑 20 cm 左右，若有充分日照，顏色也會更好看。

野玫瑰之精
Echeveria 'Nobaranosei'

由粉藍色葉片緊密交疊而成的蓮座狀葉叢，美得就像朵野玫瑰。冬天植株會染上淡粉色，葉尖鉤刺還會變成鮮紅色。另外，此品種會開出橘色花朵。

Powder Blue
Echeveria 'Powder Blue'

葉色一如其名，邊緣還有繽紛多彩的粉色鑲邊。紅葉時節，葉尖會轉成漂亮的鮮紅色。葉片偏薄，生長期一口氣就能長得很巨大。是子株容易群生的品種。

白鳳
Echeveria 'Hakuhou'

誕生於日本的交配種。又厚又大的藍灰色葉片上混有粉色點綴，看上去相當優美。此外，葉片染上粉色或橘色的紅葉期更是美不勝收。

花月夜
Echeveria 'Crystal'

淡綠色葉片帶有粉色鑲邊，可愛的模樣讓人愛不釋手。冬天紅葉時期還會染上猶如少女雙頰的柔和粉色。不耐夏季悶熱。市面上亦有人稱水晶。

紐倫堡珍珠
Echeveria 'Perle Von Nurnberg'

優美的紫色葉片在天氣變冷時，紅色調會更加鮮明，顏色優雅動人。圓形葉片稍微內捲的外形柔美可人。具直立性，植株過高時就要進行修剪。

碧桃
Echeveria 'Peach Pride'

特徵是大型圓葉排列而成的蓮座狀葉叢。尖銳的葉尖則呈粉色。紅葉時期葉片上部會染上粉紅色，好似蜜桃。莖幹呈直立生長，養大後會很有存在感。

Black King
Echeveria 'Black King'

帶有光澤的黑色葉片相當亮眼，充滿王者風範。葉片還有透白色的尖刺點綴。雖然此品種的葉色幾乎不隨季節變化，但若給予充分日照，葉色也會更美觀。

黑皇后
Echeveria 'Black Rose'

巧克力色葉片以放射狀交疊猶如黑色玫瑰，偏厚的葉片沒有光澤。天冷時，隨著紅色調漸增，植株將展露鮮豔風貌。當成株後，植株底部會開始冒出子株。

Princess Pearl
Echeveria 'Princess Pearl'

薄片綠葉帶有粉色鑲邊，還具有優雅的波浪狀滾邊。紅葉期也相當有看頭，整顆植株都會染成紅色。成株後莖幹會逐漸直立，並從植株底部孕育出子株。

藍王子
Echeveria 'Blue Prince'

細長的藍紫色葉片排列出悠然延展的蓮座狀，外形很有個性。春夏之際會開出偏紅的橘色花朵。另外，此品種的葉叢中央很容易積水，栽種時需多留意。

瑪麗亞
Echeveria 'Maria'

薄荷綠葉片上的粉色尖刺很吸睛，美麗的蓮座狀外形像是朵大玫瑰。冬天時，葉尖的粉色會變得更濃烈。當氣溫降至5°C以下時，要替植株做好防寒措施。

Malome
Echeveria 'Malome'

深褐色的色調華而不彰，形狀美好的蓮座狀也充滿魅力。日照不足時會掉色，應擺在陽光充足的場所栽培。植株豎立時，就要進行修剪。

妮可莎娜
Echeveria 'Nicksana'

藍色調綠葉形成的蓮座狀葉叢，型態姣好，給人柔和的氛圍。冬天時葉尖會染上紅色。當植株直立起來時就要修剪，而這時也可做扦插繁殖。

大雪蓮
Echeveria 'Laulindsa'

覆有白粉的淡藍色葉片帶有高雅的粉色鑲邊，蓮座狀葉叢也很好看。外表嬌嫩但相當強韌。夏天要留意潮溼，不要讓水分積在葉片上。紅葉期也很美麗。

麗娜蓮
Echeveria lilacina

學名lilacina的意思為「丁香紫的」，此品種的葉色正是覆有白粉的淡紫色。葉形雖獨特，但蓮座狀葉叢仍非常好看。氣溫低於5°C時，就要移往室內培育。

蘿拉
Echeveria 'Lola'

麗娜蓮與靜夜的交配種。清透的淡色葉片形成美麗的蓮座狀。當整棵植株長大後，就會開始群生出子株。夏天時要擺在半日照且通風良好的地點。

Haworthia 景天科十二卷屬

玉露
Haworthia cooperi var.pilifera

為cooperi種小名下葉子偏長的品種，頂端有相對大而透明的葉窗。日照太強時，植株會變成紫色並退色，夏季必須遮光。會從植株底部群生出子株。

青玉簾
Haworthia umbraticola

矮胖的葉片群聚生長，植株姿態緊湊。深綠色的葉片愈往尖端看起來愈透明。生命力旺盛，植株底部很容易緊密地長成一團，可利用分株法繁殖。

姬玉露（Truncata）
Haworthia cooperi var.truncata

短小圓潤的綠葉前端的透明葉窗熠熠生輝，因此在日本又稱雫石。葉片型態緊湊，是很受歡迎的小型種。依日照長短，深綠色葉片會有紅～紫的變化。

玉扇
Haworthia truncate

如同被攔腰截斷的葉尖具有半透明的葉窗，外形十分獨特。葉片往左右對稱開展，從側面看起來就像把扇子。生長速度緩慢，較其他品種更需要陽光。

瑞光龍
Haworthia cooperi

以規則的蓮座狀葉叢開展的葉片表面上，具有大大的果凍狀透明葉窗，是種小名cooperi下的一種。植株底部會群生出許多子株。

紫振殿
Haworthia 'Black Splendens'

為中小型種。又厚又尖的葉片構成圓頂狀的外觀，葉窗上的條狀花紋具有光澤，模樣水潤欲滴。隨季節與照光，葉色會有紫色～偏黑的變化。

祝宴
Haworthia turgida

寬廣的葉片形狀修長，葉窗面積偏大，整棵植株看起來晶透又清爽。銳利的葉尖向上翹曲，給人輕快的印象。是子株容易群生的品種。

寶之壽
Haworthia cuspidata

飽滿的三角形葉片令人印象深刻。葉尖有一點葉窗，外觀則是整齊的星形蓮座狀葉叢。葉色一整年都是清爽的亮綠色。是容易產生子株的品種。

皮克大
Haworthia picta

呈放射狀開展的葉片頂部有三角形的葉窗，藍綠色的葉窗上還有白色斑紋，因此又稱為深海白銀。若光線不足，會導致植株的白色變淡、葉片徒長。

曲水之宴 × 曲水之泉名
Haworthia bolusii×Haworthia bolusii var.aranea

為葉尖與葉緣長有細長白毛的曲水之宴，以及整株覆滿白毛的曲水之泉名的交配種。夏天須留意過於潮溼的環境與遮光措施，建議到秋天前都實施斷水。

鏡球
Haworthia 'Mirrorball'

尖葉短小精悍，葉緣還帶有白色短毛。透明葉片的正背面能看到漂亮的葉脈紋路。在良好的日照條件下，植株會帶點紫色。是容易產生子株的品種。

鏡球 × 曲水之宴
Haworthia 'Mirrorball'×Haworthia bolusii

是擁有美麗透明葉窗的鏡球，與葉片尖端和邊緣都長有白毛的曲水之宴的交配種。植株短小而尖銳的葉片密集生長。夏天須保持乾燥。

紫肌玉露 × 毛玉露
Haworthia 'Murasaki Obtusa'×Haworthia cooperi var. venusta

是紫色葉尖具有大型葉窗的紫肌玉露，以及葉尖被蓬鬆絨毛覆蓋的毛玉露的交配種。植株覆滿漂亮白色短毛葉子魅力十足。

乙女傘
Haworthia ramosa

葉片交疊捲曲的姿態猶如一朵盛開的玫瑰。葉片不會再綻得更開，且生長速度緩慢。栽種時須留意葉間積水會導致葉片被悶爛，澆水時應澆在土壤上。

Rosea
Haworthia rosea

具有黃綠色調半透明葉窗的葉片交疊生長，姿態就像優雅的玫瑰。光照或水分不足時，植株會染上華美的粉色。容易群生出子株，喜歡較強一點的日照。

硬葉系

松之雪
Haworthia attenuate

尖銳的綠色硬葉背側帶有白色斑點，模樣猶如白雪，因而得名松之雪。天冷時葉片會轉成紅色。建議養在稍微明亮的半日照處。

Super Big Band
Haworthia 'Super Big Band'

屬於硬葉系，是特徵為白色條紋的十二之卷的大型種。植株相對強韌，容易栽培。夏天建議擺在通風良好的半日照處。日照過強時，植株會變成紅褐色。

星之林
Haworthia reinwardtii var.archibaldiae

尖銳的深綠色葉片背側圓潤地隆起，上面還有無數的白點，好似繁星。植株向上生長，並從植株底部群生出子株，是很容易栽培的品種。

Kalanchoe 景天科伽藍菜屬

黑兔
Kalanchoe tomentosa f.nigromarginatas

毛茸茸的葉片以2片1對的型態長在莖幹上，模樣猶如兔耳，是很受歡迎的系列品種。小型葉片的邊緣帶有咖啡色，整體顏色偏黑。植株會逐漸向上分枝生長。

黑兔耳
Kalanchoe tomentosa f.nigromarginatas 'Kurotoji'

長著細毛的厚葉具有毛氈布般的質感，葉緣帶有咖啡色斑點，天冷時的葉色則會偏黃。栽種時需留意葉間積水會導致葉片燒傷。

黃金兔
Kalanchoe tomentosa 'Golden Girl'

白毛覆蓋的葉片帶有金黃色，邊緣還有斑點狀的點綴。生長速度緩慢且型態緊湊。冬天要放在5℃以上的環境。別名為 Golden Girl。

白兔
Kalanchoe tomentosa 'Shirousagi'

帶有白色短毛的葉片像是覆著白雪，有種清澄的雅趣。邊緣的花紋較少，夏天時會帶點黃白色調。盛夏時節要避免強光與高溫潮溼的環境，冬天需要斷水。

月兔耳
Kalanchoe tomentosa

是名字中帶有「兔」字的代表品種。藍色調葉片長有絨毛，邊緣有焦茶色的斑點。不耐高溫潮溼與寒冷的環境，冬天要擺在至少5℃以上的地點栽培。

白兔耳
Kalanchoe eriophylla

名字中雖帶有「兔」字，但其實是不同種，極白的葉色是此品種的一大特色。絨毛長而密集，偏小的葉片呈分枝生長。日照不足時會發生徒長的現象。

棕兔
Kalanchoe tomentosa 'Brown Bunny'

帶有咖啡色鑲邊的葉片又細又長，愈往葉尖顏色愈深的漸層感非常好看。別名孫悟空。夏天須留意直射的陽光，以及環境過溼導致爛葉的問題。

星兔耳
Kalanchoe tomentosa 'Star'

因葉緣的點狀斑紋很像星星而得此名，斑點與藍色調葉片形成的對比非常好看。夏天會帶點奶黃色。栽培時要注意不能長期淋雨。

其他

江戶紫
Kalanchoe marmorata

紅紫色的斑紋相當搶眼，葉緣有平緩的缺刻。紅葉期時，葉子會帶有顏色，花紋也會更加鮮豔。是不耐寒的品種，冬天需移往有日照的室內栽培。

銀之太鼓
Kalanchoe bracteate

覆有白粉且形狀像湯匙的銀色葉片，是以分枝的型態向上生長，外觀相當自然美麗。葉片輕碰就會掉落。是不耐寒的品種。

錦蝶
Kalanchoe tubiflora

細長的葉子往外延伸，頂端會冒出子株，外形獨特，粉紅底色與黑色斑點的搭配也很前衛。此品種喜光，但夏天還是要移往半日照處。不耐寒冷與潮溼。

大葉落地生根
Kalanchoe daigremontiana

葉緣的缺刻會冒出許多子株，而當子株落土後，便會生根成長。很耐熱但不耐悶蒸的環境，夏天須留意通風。別名有花蝴蝶等。

蝴蝶之舞
Kalanchoe fedtschenkoi

鋸齒狀粉色葉緣的扁平葉片會不斷交疊向上延伸，紅葉時期的葉片則呈紫紅色。給予充分日照，不但葉色更美觀，植株也較不易徒長。是不耐寒的品種。

小葉長壽花
Kalanchoe scapigera

葉片呈團扇狀，莖幹會向上挺立生長。紅葉時期，深綠色的葉片將轉成黃綠色，葉尖還會染上紅色。冬天時應移往日照充足的室內培育。

仙女之舞
Kalanchoe beharensis

覆滿絨毛的葉片具有天鵝絨般的質感，形狀動感又獨特。淡褐色的新葉會隨成長逐漸轉成灰綠色。是相當堅韌的大型品種，市面上亦有人稱 Beharensis。

仙人之舞
Kalanchoe orgyalis

葉片表面是咖啡色，背側則是銀色，天鵝絨的質感時髦有個性。生長速度緩慢，但長大後莖幹會木質化，呈現灌木型態。不耐寒，栽培時需留意通風。

白銀之舞
Kalanchoe pumila

覆有白粉的銀葉邊緣帶有缺刻，分枝向上延伸的模樣有種翩翩起舞的動感。當植株過於凌亂時，就要替其修剪。

不死鳥
Kalanchoe 'Phoenix'

細長葉片上有個性十足的黑紫色花紋，葉緣長滿了子株，植株會隨著子株自然掉落不斷繁衍。若日照不足，葉色會黯淡無光。夏天與冬天盡量保持乾燥。

虎紋迦藍菜
kalanchoe humilis

藍色調的圓形綠葉上帶有紫紅色的花紋，外觀給人狂野的印象。子株會成群生長。水分過多時，無法產生漂亮的紋路。是不耐夏天悶熱也不耐寒的品種。

冬紅葉
Kalanchoe grandiflora 'Fuyumomiji'

缺刻很深的葉片形狀很像楓葉，綠葉在氣溫下降時，會染上美麗的橘色。植株過於茂盛就需疏剪修整。是不耐寒的品種，冬天要移往室內栽培。

獠牙仙女之舞
Kalanchoe beharensis 'Fang'

覆有短毛的大型葉片有毛氈布的質感，背側突起令人印象深刻。生長速度緩慢。植株成熟後，下葉會逐漸凋零出現木質化。不耐悶熱，須留意通風。

Whiteleaf
Kalanchoe beharensis 'Whiteleaf'

葉片與莖幹上都覆有白色細毛，質感近似天鵝絨。葉緣帶有缺刻並呈和緩的波浪狀，植株是直立生長。而此品種雖然必需要有陽光，但也要留意葉片燒傷。

千兔耳
Kalanchoe millotii

葉緣帶有鋸齒的淡綠色葉片上覆有白色短毛，質感彷彿毛氈布。雖是不耐寒的品種，但天冷時會產生茶褐色的紅葉。植株會隨著生長逐漸增高。

掌上珠
Kalanchoe gastonis-bonnieri

由於葉色很像雷鳥夏毛的顏色，因此在日本又稱雷鳥。1片葉子可長到50㎝左右。葉尖會產生子株來繁殖。冬天應移往日照充足的室內。

Euphorbia 大戟科大戟屬

Anoplia
Euphorbia anoplia

外形像是仙人掌，莖幹上的紋路饒富趣味。生長速度緩慢但會不斷向上延伸，稜（有尖刺的地方）也會逐漸變形。此品種會透過地下莖繁衍出子株。

Obesa Blow
Euphorbia 'Obesa Blow'

容易長出球狀的肉質化子株，而隨著向上生長，植株底部會逐漸木質化。子株可以從母株上摘下以扦插法繁殖。須留意植株白色的有毒樹液。

膨珊瑚 綴化
Euphorbia oncoclada f.crist

是擁有細長圓柱狀莖幹的膨珊瑚的綴化品種。每根莖幹的生長點以帶狀相連，並呈扇形生長。頂端冒出子株的模樣十分可愛。夏天應擺在明亮的陰涼處培育。

怪魔玉
Euphorbia 'Kaimagyoku'

頂部長著茂密的細長葉片，模樣相當逗趣。莖幹看起來粗糙的部分是葉片掉落後的構造。雨季需留意通風，冬天則建議移往明亮的室內栽種。

紅彩閣
Euphorbia enopla

紅又長的尖刺覆滿整體，外形吸睛。若日照充足，尖刺的顏色會更漂亮。此品種雖堅韌，但在潮溼環境下仍會爛根。冬天需減少澆水量並移往室內栽種。

笹蟹丸
Euphorbia pulvinata

莖幹會緩慢地豎立生長，是容易群生出子株的品種。春天生長期時，頂部會冒出細長葉片，還會長出紅色的尖刺。植株非常強韌，很容易栽培。

白樺麒麟
Euphorbia mammillaris 'Variegata'

白色莖幹上帶有粉色尖刺，外觀十分討喜，是很容易長出子株的品種。為龜甲麒麟的斑入品種。若日照、水量與溫差等條件適當，冬天還會產生粉色的紅葉現象。

美星玉
Euphorbia 'Biseigyoku'

外形猶如球形仙人掌。稜會隨生長不斷增加並向上延伸，而等植株長到一定程度後，下方會開始陸續冒出子株。建議養在日照充足的地點。

毛葉麒麟
Euphorbia razafindratsirae

為原產自馬達加斯加的塊根品種，枝幹朝四面八方伸展，邊緣帶有波浪的綠葉並無多肉化。淡黃色的花苞嬌美可人。植株最大可長到直徑約25～30cm左右。

Cactaceae 仙人掌科

藍柱
毛柱屬
Pilosocereus azureus

藍色調莖幹與黃色尖刺相映成輝的柱狀仙人掌，刺座的絨毛會隨生長變得愈來愈明顯。在日本又稱金青閣。冬天需盡量保持乾燥。

英冠玉
錦繡玉屬（舊 Eriocactus 屬）
Parodia magnifica

形狀猶如王冠，細小的尖刺呈金黃色。夏天時頂部會開出黃色花朵，莖幹則會隨著生長逐漸變成圓柱狀，並從植株底部群生出子株。

老樂柱
白裳屬
Espostoa lanata

鬆軟白毛令人印象深刻。直立生長的柱狀仙人掌，生長速度緩慢。夏天要擺在通風的半日照處並盡量保持乾燥。若淋雨會使絨毛汙損，應移到屋簷下栽培。

唐金丸
銀毛球屬
Mammillaria canelensis

為銀毛球屬的疣狀仙人掌。生長速度緩慢，春夏之際會開出粉色花朵。需給予充分日照與通風，若日照不足會導致外形不佳。

金獅子
仙人柱屬
Cereus variabilis f.monstrosus

咖啡色的尖刺十分柔軟。此外，仙人柱屬雖為柱狀仙人掌的一員，但此屬會不斷分生，發生具有多個生長點的石化現象，外形相當奇特。

金刺仙人球
金刺仙人球屬
Echinocactus grusonii

又大又黃的銳刺十分美觀，植株會保持球狀生長。性喜陽光，日照不足時尖刺會變得脆弱。冬天要養在5℃以上的環境，低於5℃時表面會出現紅斑。

金盛丸
大棱柱屬
Echinopsis calochlora

植株會維持球形生長，並從底部群生出子株。需留意長期淋雨等潮溼環境會導致爛根。夏天會開出大型白色花朵，盛夏時要避免陽光直射。

金裝龍
白裳屬
Espostoa guentheri

短小黃色尖刺精緻動人的柱狀仙人掌。是相對堅韌的品種，但生長速度緩慢。不耐夏天悶熱的環境，夏季需避免強光與潮溼，建議擺在通風良好的場所。

幻樂
白裳屬
Espostoa melanostele

整體覆滿白色長毛的柱狀仙人掌，銳利的尖刺會突出到絨毛外。由於水分會汙損絨毛，澆水時應淋在土壤上。栽培時建議擺在日照通風良好處。不耐寒。

黃金司
銀毛球屬
Mammillaria elongate

為小型種，黃色尖刺以放射狀翹曲的姿態正如其別名金手毬。生長迅速，植株底部很容易群生出子株。栽種時須留意避免潮溼以及良好的通風。

新天地
裸萼球屬
Gymnocalycium saglionis

特徵是凹凸不平的球形與又長又粗的尖刺。粗大的根部能續含水分。不耐強烈日曬，需給予遮蔭。冬天則建議擺在日照良好的窗邊，並盡量斷水。

短毛丸
大棱柱屬
Echinopsis eyriesii

特徵是短小尖刺。球形株體會隨生長逐漸變成圓柱形。生長迅速，容易群生出子株，養大後會開出白色或淡黃花朵。若有做好防霜措施也能在屋外過冬。

墨綠團扇
仙人掌屬
Opuntia debreczyi

為團扇型仙人掌，團扇狀的莖幹層疊生長，深綠色的葉色十分引人注目。日照不足時會導致植株徒長、形狀不佳。是相當耐寒的品種，植株堅韌很容易栽種。

般若
星球屬
Astrophytum ornatum

球體上的白斑猶如滿天星斗。長而銳利的尖刺，以及具衝擊性的螺旋狀外觀魅力十足。性喜陽光，就算冬天也不要完全斷水。

多刺摩天柱
摩天柱屬
Pachycereus pringlei

長滿尖刺的柱狀仙人掌。具有多條棱，且棱的表面還有帶著白色絨毛的刺座。新刺會從橘色逐漸變成咖啡色。是不耐寒的品種。

紫太陽
鹿角柱屬
Echinocereus rigidissimus var. rubrispinus

鮮艷的紫色尖刺絢麗奪目。植株整體覆滿細小的尖刺，但碰到並不會痛。是小型的柱狀仙人掌，植株底部會冒出子株。若日照充足，尖刺的顏色會更顯眼。

刺頭翁仙人柱
白貂屬
Oreocereus neocelsianus

植株覆有蓬鬆的白色長毛，銳利的黃刺張牙舞爪，是氣質出眾的小型柱狀仙人掌。夏天會開出粉色花朵，盛夏時須移往陰涼的通風處。

琉璃鳥
翁寶屬（舊 Aylostera 屬）
Rebutia deminuta

是容易群生出子株的品種。會從植株底部或疣粒的側邊長出花芽，並在春天開出橘色調的花。不耐強烈直射的陽光，夏天建議擺在通風的明亮陰涼處。

Agave 天東門科龍舌蘭屬

甲蟹
Agave isthmensis

葉緣呈鋸齒狀的銀綠色葉片非常好看，葉尖還有充滿魄力的粗大銳刺，整齊的蓮座狀更是美不勝收。是相當耐旱的品種，別名雷帝

笹之雪
Agave victoriae-reginae

呈放射狀開展的細長綠葉上帶有優雅白斑，是會群生出子株的品種。耐暑、耐寒但不耐悶熱。夏天要避開陽光直射，冬天則要避免接觸冰霜。

Leopoldii
Agave leopoldii

銳利的葉片從中央往四面八發開展，沿著葉緣捲曲的白絲充滿韻律美。是十分耐旱的品種，若是環境日照不足時容易徒長。

龍爪
Agave pygmaea 'Dragon Toes'

「龍爪」的稱呼源於其葉緣細小的尖刺，是擁有美麗銀灰色葉片的大型種。當母株成熟後，周圍會開始冒出子株。冬天要小心不要接觸冰霜。

吹上
Agave stricta

細長的綠葉如噴泉般四射開展，姿態悠然。是相對耐寒的品種，在日本關東以西整年都能養在戶外。栽培時須留意潮溼，建議擺在通風與日照充足處。

小章魚覆輪
Agave bracteosa 'Monterrey Frost'

又長又軟的細葉沒有尖刺，但帶有清爽的白斑鑲邊。為小型種。葉片數量會隨生長不斷增加，並逐漸形成一個圓。葉子很容易折斷。是耐寒也耐旱的品種。

藍火焰
Agave 'Blue Ember'

葉片的藍綠色與裝飾鋸齒邊緣的胭脂色形成亮麗對比。相當耐旱但也因此並不耐潮溼，盆器的水盤若持續積水會導致根部受損。

藍光
Agave 'Blue Glow'

藍色葉片具有咖啡色斑點的鑲邊，模樣秀麗。邊緣還有細小的尖刺。若日照充足，葉色更鮮明。此外，須注意如果對葉片澆水，等水分蒸發後會留下白斑。

霍力達
Agave horrida

帶有光澤的深綠色葉片邊緣，白色與茶褐色的銳刺躍然其上，外觀相當獨特。是耐暑也耐寒的品種，可於戶外栽種。惟不耐悶熱的環境，須多留意通風。

Aloe 阿福花科蘆薈屬

Eximia
Aloe eximia

在近年發現於馬達加斯加的高山，帶有白粉的藍綠色葉片美輪美奐，尖銳的葉片是以歪扭的姿態生長，為相對耐寒的品種。

頭狀蘆薈
Aloe capitata

葉緣的紅色鋸齒狀尖刺令人難忘。鮮綠色葉片在氣溫下降時，會呈現美麗的紫色。能忍受最低溫為0°C，建議冬天應移往明亮的室內，並盡量保持乾燥。

開卷蘆薈
Aloe suprafoliata

細長葉片往左右對稱開展，姿態時尚又有魅力。此外，葉片會隨著成長的重量逐漸下彎。冬天建議養在日照充足的窗邊，並盡量保持乾燥。

Firebird
Aloe 'Firebird'

帶有白斑點綴的細葉賞心悅目。植株容易分枝並成群生長。秋天時會冒出長長的花莖，並開出橘色花朵。低於5°C的冬天須移往室內栽種。性喜陽光。

青鱷蘆薈
Aloe ferox

銳刺的粗大葉片具有直立性。植株向上生長，下葉會逐漸枯萎，並出現木質化現象。栽培時應擺在日照通風良好處，留意不要暴露於5°C以下的環境。

柏加蘆薈
Aloe peglerae

帶有尖刺的藍綠色厚葉向內卷曲，且隨著生長會逐漸形成美麗的蓮座狀葉叢，紅色的小刺也非常吸睛。冬天須移往室內以免結凍。

青刀錦
Aloe hereroensis

名稱源於其葉片的形狀與色調。偏厚的葉片帶有斑點，幼株時葉片朝左右開展，但隨著生長會逐漸形成蓮座狀葉叢。生長速度緩慢，須給予充足日照。

羅紋錦
Aloe ramosissima

葉片是朝上直立生長，莖幹很容易分枝並逐漸豎立。而隨著下葉枯萎、莖幹木質化，植株會長成俐落的姿態。栽種時須留意盛夏的強光會燒傷葉片。

蘆薈的近親

Aloidendron
阿福花科樹蘆薈屬

二歧蘆薈
Aloidendron dichotomum

舊為蘆薈屬。在原產地非洲最大能長到10m高。年輕的植株也會豎立生長，並逐漸木質化。盛夏時期的生長尤為旺盛。性喜陽光，但同時也相對耐寒。

Lithops 番杏科生石花屬

白花紫勳
Lithops lesliei 'Albinica'

整體呈鮮黃色的葉窗與藍綠色植株形成漂亮的對比。是容易群生的品種。又稱白花黃紫勳，秋天會開出白色花朵。

琥珀玉
Lithops bella

圓潤頂面隆起的模樣很像心形，能清楚看到葉窗上的茶褐色枝狀紋路。容易分枝、群生，秋天還會開出白花。亦有紅色的變異種——赤琥珀。

Top Red
Lithops 'Top Red'

特徵是扁平的頂部帶有顯眼的鮮紅色網紋。植株可能會隨著反覆的脫皮出現分枝。夏天要稍微遮光，梅雨季～夏季期間則需斷水。

日輪玉
Lithops aucampiae

紅褐色基底的頂部帶有咖啡色網紋。經常脫皮且容易增生，秋天還會開出黃色花朵。由於不耐潮溼，夏天應盡量斷水。是耐寒的品種。

福來玉
Lithops julii ssp. *fulleri*

底色為柔滑的粉米色，葉窗則為紅褐色，窗上的裂紋十分搶眼。秋天也會開白花。亦有紅色調較深的紅福來玉等各類品種。

寶留玉
Lithops lesliei var.*hornii*

平坦的表面上覆有茶褐色的細小紋路。植株的裂縫較淺，秋天時會開黃花。不耐高溫潮溼，梅雨季～夏季期間需盡量斷水。

綠福來玉
Lithops julii ssp.*fulleri* 'Fullergreen'

是福來玉脫皮、綠化的變異種，翡翠綠的色澤清爽可人。秋天會開出白花，但是若開花時水分不足，有可能無法順利綻放。

紫福來玉
Lithops julii ssp.*fulleri*

福來玉紫化的變異種。紫色基底上帶有深紫紅色的裂紋，是很受歡迎的品種。夏天應盡可能斷水，入秋後再慢慢恢復給水。秋天會開白花。

生石花屬的近親

Lapidaria 番杏科魔玉屬

魔玉
Lapidaria margaretae

魔玉是魔玉屬底下唯一的品種，同樣被歸類在番杏科。此科的植株在日本又俗稱「女仙」。夏天須遮光並盡量斷水，秋天會開黃花。

Rhipsalis 仙人掌科絲葦屬

橢圓絲葦
Rhipsalis elliptica

猶如寬大葉片的莖幹分枝相連，生長型態恣意奔放。日照強烈時，綠葉會出現優美的紅褐色。春天時則會有白色小花沿著莖幹邊緣連綿而生，相當華麗。

Caciero
Rhipsalis caciero

線狀莖幹呈分枝生長，往四方悠然蔓延的模樣好像綠色的淋浴，充滿分量的植株清新動人。建議應於春天時疏剪，不但能改善通風，還能預防葉片被悶爛。

松風
Rhipsalis capilliformis

圓柱狀的纖細莖幹不斷分枝相接，低垂姿態柔美雅趣。新芽呈黃綠色，隨時間會逐漸變成深綠色。栽種時須避免陽光直射，雨季則要記得移往屋簷下。

柯氏絲葦
Rhipsalis kirbergii

有稜有角的長莖在不斷分枝後逐漸低垂，充滿存在感。性喜明亮的陰涼處。就算因缺水而枯萎，只要給水又能馬上復活。冬天需養在5℃以上的室內。

青柳
Rhipsalis cereuscula

米粒般的透綠色莖幹相連而生，隨性延伸的姿態輕盈而動感。有時莖幹會長得很長，但在尖端處又會反覆分枝。栽培時須留意過於潮溼的環境。

紫果絲葦
Rhipsalis neves-armondii

清透的圓柱狀莖幹很容易產生分枝，四散開展的模樣猶如日本的線香煙火。枝條過長時，植株會逐漸低垂，而隨著生長，莖幹頂部還會開出黃色小花。

番杏柳
Rhipsalis mesembryanthemoides

圓鼓鼓的莖幹密集地生長，外觀俏皮可愛。枝條會漸漸延伸低垂，隨著生長，會在春天開出嬌美的白花。不耐強光，栽種時還要留意盆器水盤不要積水。

絲葦屬的近親

Hatiora 仙人掌科仙人棒屬

猿戀葦
Hatiora salicornioides

短小的莖幹根根分明地相連，植株在分枝的同時不斷蔓延低垂。初夏時會開出黃色花朵。須留意夏天過於潮溼會導致爛葉。

Crassula 景天科青鎖龍屬

象牙塔
Crassula 'Ivory Pagoda'

覆有細小纖毛的短葉交疊生長，很容易冒出子株，並以奇異的型態群生。生長速度十分遲緩。夏天須留意通風並減少水量。

赤鬼城
Crassula fusca

隨著氣溫下降，綠葉會轉成鮮豔的紅色。植株會從底部繁衍出子株，生長型態緊湊。若減少水量並給予充足日照，紅葉期會更可觀。

茜之塔
Crassula capitella

幾何狀葉片密集地交疊蔓延，型態猶如塔樓。夏天時的綠葉會隨氣溫下降逐漸轉成茜色，春天則會開出芬芳的白色小花。不耐夏天悶熱的環境。

景天樹
Crassula arborescens

紅色鑲邊的圓葉十分可愛，葉片上的斑點為其特徵。植株的莖幹會逐漸豎立，天冷時，綠葉還會產生粉色紅葉。夏天需避免陽光直射，冬天應留意結凍。

雨心
Crassula volkensii

小葉帶有胭脂色的斑點，枝條則朝外延伸。夏天時綠葉鬱鬱蔥蔥，隨著寒氣，植株會產生紅葉。春天會開白色小花。較不耐寒，最低溫要在10℃以上。

花月錦
Crassula ovata f.variegata

是通稱為發財樹的花月的斑化品種。生長類型為夏生型，帶有白斑的部位在紅葉期會染上粉色。植株長高後可在春天修剪，還可順便利用扦插法繁殖。

紀之川
Crassula 'Moonglow'

三角形葉片交疊開展的同時，以塔狀向上生長，笨重的存在感魅力十足。葉片上有密集的纖毛，整體帶有霧面質感。夏天栽培時須留意通風以免爛葉。

花簪
Crassula cooperi

綠葉表面帶有紅色斑點，背側則為紅褐色，是會茂密群生的小型種。初夏～夏天時會開出娟秀的粉色小花。不耐潮溼，培育時應盡量保持乾燥。

克拉夫
Crassula clavata

大紅色的厚葉令人難忘。原產自南非，會於初春時開花。若秋天到春天有給予充足日照，植株的色澤會更加鮮豔。容易增生，建議應於生長期的春天修整。

小米星
Crassula 'Tom Thumb'

小小的三角形葉子相互交疊，屬於極小型種。很容易分枝、群生，從葉緣開始轉紅的紅葉現象也非常漂亮。別名姬星。植株強韌很容易栽種。

天堂心
Crassula cordata

翩然舞動的捲葉相當獨特，動感的型態賞心悅目。春天時會長出花莖，開出極小的花朵；紅葉期葉片則會染上粉色，模樣可愛動人。

十字星
Crassula perforate var. 'Jyujibosi'

萊姆綠的三角形葉片相互重疊，為塔狀生長的星系列中的一種。綠葉會產生粉色紅葉，植株不容易出現分枝。夏天須留意高溫潮溼的環境。

神刀
Crassula perfoliata var.falcata

刀形的大型葉片以左右交叉的型態向上生長。原產自南非，養大後會從植株側邊冒出子株。冬天需移往室溫3℃以上的室內。

高千穗
Crassula turrita

黃綠色的三角形小葉緊密重疊，生長型態奇特。在生長期時植株會逐漸豎立，若想維持緊湊的外觀則建議修剪。不太會產生紅葉。別名為青鬼城。

玉稚兒
Crassula arta

白色葉片會左右成對冒出向上生長，外觀就像是隻豎立的毛毛蟲，型態非常獨特。不耐夏天悶熱的環境，須移往半日照處栽種。可於3℃的溫度下過冬。

筑羽根
Crassula schmidtii

銳利的細長綠葉會產生深邃而典雅的紅色，具觀賞價值。隨著生長，外觀也會愈來愈活潑。夏天能開出粉色小花，將花莖從底部剪斷後，植株會再冒新芽。

Punctulata
Crassula punctulata

銀綠色小葉給人纖細的印象。植株會不斷向上分枝，而後群生。夏天須留意悶熱的環境。是非常堅韌的品種，低溫直至1～2℃都還能養在戶外。

火祭
Crassula americana 'Flame'

十字狀開展的葉片在夏天是萊姆綠色，到冬天則轉成鮮紅色，熊熊燃燒的模樣一如其名。耐暑也耐寒，除了年均溫9℃～12℃的寒冷地，皆可在戶外過冬。

火祭之光

Crassula americana 'Flame' f.variegata

火祭的斑化種，黃綠色的葉片上帶有象牙色鑲邊，冬天斑化的部位還會染上華麗的粉色。相當耐旱，栽培時需控制澆水量。

藍絲帶

Crassula 'Blue Ribbon'

葉片猶如舞動的絲帶，朝氣蓬勃的外觀十分醒目。植株具直立性，會向上豎立生長，天氣轉冷時，會產生帶有紅色葉緣的紅葉。別名 Ripple Jade。

波尼亞

Crassula expansa ssp.fragilis

小巧玲瓏的圓葉十分迷人。生長迅速，型態為橫向擴展，綠葉與紅莖的對比非常好看。盛夏時應擺在半日照處以免葉片燒傷。是較不耐寒的品種。

紅稚兒

Crassula radicans

綠葉在氣溫下降時會染成鮮紅色。春天會長出修長的花莖，開出白色小花。具直立性，任其群生能營造漂亮的盆景。栽種時只要小心冰霜，此品種耐寒。

粉紅十字星錦

Crassula pellucida

生長型態是貼地橫向擴展。葉片背側為粉色，斑化葉緣彷彿帶有鑲邊。天冷時，整棵植株都會出現紫紅色的紅葉，是耐暑也耐寒的品種。

星王子

Crassula conjuncta

具有紅色鑲邊的三角型葉片交疊生長，塔狀豎立的姿態充滿趣味。葉尖從秋天就會開始產生紅葉，而隨生長植株還會從底部群生出新芽。是很耐旱的品種。

筒葉花月

Crassula ovata 'Hobbit'

葉形像是驢耳，主幹豎立後會逐漸木質化。氣溫下降後，綠葉會帶點黃色調，葉尖也會轉紅。是花月的園藝種，為夏生型，冬天須移往室內栽種。

舞乙女

Crassula 'Jade Necklace'

厚實的小葉左右交疊而上，直立延伸的型態很有特色。天冷時，葉緣會轉紅。由於植株不耐悶熱，夏天應擺在明亮且通風良好的陰涼處。可利用扦插法繁殖。

南十字星

Crassula perforata f.variegata

為星王子的斑化品種，特徵是奶油色斑紋會在葉緣形成寬大的鑲邊。接觸寒氣時，邊緣會變成粉色。盛夏要擺往半日照處。植株可利用扦插法繁殖。

青鎖龍
Crassula muscosa

小巧堅硬的三角形葉片緊密交疊，鎖鏈般的外觀一如其名。植株成熟後會從葉間冒出子株。栽種時須留意強烈日照會導致葉片燒傷。

紅葉祭
Crassula 'Momiji Matsuri'

火祭與赤鬼城的交配種。葉片比火祭修長且規則排列。氣溫下降時會轉紅葉，富觀賞性；夏天時變回綠色。除年均溫9～12℃的地區外，都可在戶外過冬。

太陽星
Crassula rupestris

帶著白粉的萊姆綠小葉以十字狀交疊豎立，並隨生著長自然分枝，初春時還會開出小花。等植株長高後，就需要適時疏剪。

姬銀箭
Crassula remota

長有白色絨毛的杏仁狀小葉呈銀色，天冷時會產生紫紅色的紅葉。生長迅速又容易分枝，型態為貼地生長。建議可任枝條從盆緣垂落，營造翠綠盆景。

若歌詩
Crassula rogersii

具有橄欖球狀的飽滿葉片。冬天時葉子會產生鮮豔的黃色，葉尖與莖幹則會是紅色。性喜日光，但夏天要小心葉片燒傷，冬天則應養在5℃以上的環境。

呂千繪
Crassula 'Morgan's Beauty'

圓形的銀色葉片層疊往四方開展，堆疊的方式很不可思議。植株還會群生出子株，生長型態緊湊。是不耐潮溼的冬生型，栽培時要避免任其淋雨。

若綠
Crassula lycopodioides var. pseudolycopodioides

鱗狀小葉層層交疊，悠然舒展的姿態秀麗可人。若任其生長會產生恰到好處的垂枝，模樣妙趣橫生。植株耐暑、耐寒又耐旱，但栽培時要小心別接觸冰霜。

醉斜陽
Crassula atropurpurea var.watermeyeri

覆滿纖細絨毛的橢圓形綠葉會產生典雅的紅葉，枝幹則會奔放地朝上方或橫向生長。當植株過於繁盛時就要修剪，剪下的枝幹能利用扦插法繁殖。

青鎖龍屬的近親

Sinocrassula
景天科石蓮屬

密葉石蓮
Sinocrassula densirosulata

圓潤的小葉在紅葉期會染上橘調色彩。植株生長速度緩慢，但會群生出側芽，是健壯且容易栽種的品種。夏天需放在半日照處並盡量保持乾燥。

Aeonium 景天科蓮花掌屬

紫羊絨
Aeonium arboreum 'Velour'

由圓潤葉片排列而成的大型蓮座狀葉叢充滿魄力，外觀極富存在感。生長時容易分枝，形成茂密的盆景。冬天植株會染上漂亮的紅褐色。亦有人稱血法師。

黑法師
Aeonium arboreum 'Zwartkop'

閃亮的黑色蓮座狀葉叢有黑玫瑰般的風情，是蓮花掌屬的代表品種。植株具直立性，過高時應適時修整。冬天須移往日照充足的室內栽培。

小人祭
Aeonium sedifolium

米粒般的短小葉片成群生長，綠葉上的紅線令人印象深刻。莖幹會漸漸豎立，並在低矮的高度下叢生。紅葉期綠葉會染上橘色。

姬明鏡
Aeonium tabuliforme var.minima

帶纖毛的綠葉層疊生長，扁平擴展的型態十分罕見。植株底部容易冒出子株，可利用分株法繁殖。不耐過差的環境，栽培時要通風。此品種沒有紅葉現象。

黑法師錦
Aeonium arboreum var.rubrolineatum

細長的咖啡色葉片上帶有美麗的深紫色斑紋，在夏天休眠期時，此條狀斑紋會更加明顯。植株會隨生長逐漸豎立，能長得很大。夏天須避免陽光直射。

夕映
Aeonium haworthii 'Tricolour'

冬天時葉緣會產生紅色鑲邊，新芽則帶黃色調。容易冒出子株，呈複雜的多頭生長。夏天會停止生長並進入休眠，栽培時須避免潮溼並擺在半日照處。

蓮花掌屬的近親

Aichryson 景天科恆持金草屬

愛染錦
Aichryson domesticum 'variegata'

淡黃綠色斑紋與清爽的綠葉形成美麗的對比，是受歡迎的品種。不耐悶熱與寒氣，夏天擺在半日照處以防葉片燒傷，冬天則須移往日照充足的室內栽種。

Lemonade
Aichryson 'Lemonade'

覆有短毛的綠葉摸起來有黏著性，整齊的蓮座狀葉叢極具吸引力。植株會向上豎立生長。不耐高溫潮溼，冬天會產生黃色的紅葉。

Cotyledon 銀波錦屬

寬葉福娘
Cotyledon orbiculata

寬厚的葉片上覆有白粉，紅色鑲邊與之形成的對比相當亮眼。紅葉期葉尖會變得更紅。生長迅速，花幾年就能成株，是非常好養的品種。

銀波錦
Cotyledon undulata

波浪狀的銀灰色扇形葉片不但巨大，表面還覆有白粉。澆水要避開葉片，以免白粉掉落。不耐高溫潮溼的環境，夏天需給予遮光並盡量保持乾燥。

熊童子
Cotyledon tomentosa ssp. Ladismithensis

覆滿絨毛的厚葉前端有鋸齒狀突起，形狀像小熊的腳掌。紅葉時尖端的紅色會更明顯，莖幹會隨生長逐漸豎立。此品種可能因高溫出現落葉的情形。

熊童子錦
Cotyledon ladismithiensis f.variegata

為熊童子的斑化品種，斑紋有黃、白兩色，白斑的外觀更為精緻。較熊童子不耐寒暑，夏天須擺在避免陽光直射且通風良好的地點，並盡量保持乾燥。

小黏黏
Cotyledon elisae

綠葉邊緣的紅線優美動人，紅葉期線條會更加濃烈鮮明。此外，5～7月綻放的吊鐘狀橘紅色花朵也十分嬌豔。生長速度緩慢，型態為直立成長。

福娘
Cotyledon orbiculata 'Oophylla'

修長的葉片裹滿白粉，邊緣還帶有紅色鑲邊，型態為豎立生長。淋到雨時不但白粉會掉落，還有可能會冒黑斑。栽培時應避開強烈日照，並盡量保持乾燥。

乒乓福娘
Cotyledon orbiculata 'Fukkura'

圓滾滾的葉子覆滿白粉，邊緣的紅線依稀可見。是很容易徒長的品種，需給予充足日照。夏天則要留意葉片燒傷。

大瑞蝶
Cotyledon macrantha var.virescens

紅色鑲邊的大型橢圓形葉片相當惹眼。氣溫下降時，顏色會變得更紅。是生長迅速且具有直立性的大型種。植株底部也會冒出子株。盛夏時須移往半日照處。

達摩福娘
Cotyledon pendens

圓鼓鼓的小葉模樣討喜。可利用其匍匐生長的特性，讓枝條從盆緣垂落營造盆景。栽種時要避免強光與長期淋雨。當葉子變黃時，就是植株需要追肥的信號。

Graptopetalum 景天科風車草屬

朧月
Graptopetalum paraguayense

生長型態為莖幹逐漸豎立後，枝條又會朝各方扭轉延伸。天冷時，葉片會出現淡粉色。在日本關東以西的地方能作為地被植物。能利用葉插法輕鬆繁殖。

達摩秋麗
Graptopetalum 'Daruma Shuurei'

混合淡粉色與紫色的細膩色彩，魅力無限，紅葉期粉色會更加濃烈。莖幹會向上豎立，葉片於上部密集生長，是很容易群生的品種。夏天須留意葉片燒傷。

丸葉秋麗
Graptopetalum mendozae

小葉組成的蓮座狀葉叢如小花。成群生長，秋天時還會產生可愛的粉色紅葉，是人氣品種。葉片容易被碰掉，要多留意。相當耐寒。雜亂時就要疏剪。

風車草屬×佛甲草屬的交配種

Graptosedum 景天科風車草屬 × 佛甲草屬

秋麗
Graptosedum 'Francesco Baldi'

細長的葉片以放射狀開展，模樣悠然。紅葉期淡藍色葉片會染上粉色，看起來相當繽紛。植株具直立性且十分耐寒，能在0℃以上的環境過冬。

姬朧月
Graptosedum 'Bronze'

為銅葉系的代表品種，冬天時葉片會轉成沉穩的紅褐色。可選擇不要修剪，欣賞其自然的樹形。春天會開黃花，是很好種也很容易繁殖的品種。

小玉
Graptosedum 'Little Gem'

色調雅致的綠葉，在冬天時會轉成紅褐色，而春天綻放的黃花還能為殘留的紅葉畫龍點睛，形成絢爛的盆景。為生長緩慢且不耐熱的品種。

風車草屬×擬石蓮屬的交配種

Graptoveria 景天科風車草屬 × 擬石蓮屬

艾格利旺
Graptoveria 'A Grim One'

黃色調葉片的銳利葉尖帶有些許粉色。植株型態為群生，會從母株的周圍冒出子株。是相對耐寒的品種。春天時會開出黃花。

Purple King
Graptoveria 'Purple King'

葉片帶有裹著白粉般的質感，冬天會染上更鮮豔的粉色，春天時的黃花模樣也十分可愛。不耐暑，但是相對耐寒。別名為初戀。

吉普賽女郎
Graptoveria 'Mrs. Richards'

帶著白粉的粉紫色葉片高雅大方。莖幹會隨著生長逐漸挺立，紅葉期粉色會更加濃烈，模樣豔麗。當植株增高而顯得雜亂無章時，就要進行修整。

Pachyphytum 景天科厚葉草屬

京美人
Pachyphytum 'Kyoubijin'

細長的厚葉朝向生長，天冷時葉尖會染上粉色。由於是裹有白粉的品種，澆水時要特別小心不要淋到葉片，而是要澆在土上。

月花美人
Pachyphytum 'Gekkabijin'

前端尖起的寬葉以蓮座狀開展，外觀華美，秋天時會產生紅葉。不耐夏季高溫潮溼的環境，盛夏時須擺在半日照處並確實通風。日照不足將導致植株徒長。

千代田之松
Pachyphytum compactum

猶如切削而成的多面體葉片非常奇特。葉片呈密集群生，隨成長表面還會顯現出白色紋理。紅葉期植株帶有黃～橘色彩，是相對耐寒的品種。

月美人
Pachyphytum oviferum 'Tsukibijin'

覆滿白粉的飽滿圓葉渾圓可愛，尖端還帶有一點紫色，紅葉時整棵植株則會變成粉色。當株體過高時就要修剪。夏天須擺在半日照處並盡量保持乾燥。

群雀
Pachyphytum hookeri

細長葉片嬌美可人的人氣品種。型態為群生，高雅的粉藍色葉片在天冷時葉尖會轉紅。夏天尤其要小心潮溼的環境。修剪後，植株底部很容易冒出子株。

桃美人
Pachyphytum 'Momobijin'

隆起的圓葉尖端帶有桃子般柔和的粉色。氣溫下降時，葉尖的粉色會更加鮮明。夏天須擺在通風良好又明亮的陰涼處，並盡量保持乾燥。

厚葉草屬×擬石蓮屬的交配種

Pachyveria 景天科厚葉草屬 × 擬石蓮屬

Uniflorum
Pachyphytum uniflorum

圓鼓鼓又刺呼呼的綠葉充滿存在感，模樣令人印象深刻。天冷時不僅整棵植株會染成橘色，葉尖還會帶粉色。莖幹很容易豎立，應適時修剪。

紫麗殿
Pachyveria 'Hummel's Purple'

帶有白粉的厚葉在紅葉時會染上紫色，散發出妖豔的氣息。應盡量不要去摸葉片，以免白粉被碰掉。植株健壯很容易栽種，能利用扦插、葉插法繁殖。

Hialium
Pachyveria 'Hialium'

尖端銳利的厚葉令人難忘。夏天時葉片是銀藍色，氣溫下降後則會轉成粉色。莖幹直立生長，植株底部會冒出子株。可利用扦插、葉插法繁衍。

Sempervivum 景天科長生草屬

Aldo Moro
Sempervivum 'Aldo Moro'

葉片本身為深綠色，葉緣與背側則帶有深紫紅色。而隨著秋天氣溫開始下降，整棵植株都會染上深紫紅色。春、秋時可利用分株、扦插法繁育。

Gazelle
Sempervivum 'Gazelle'

鮮豔的綠葉與從葉尖冒出後纏繞於整棵植株的白絲相映成趣。氣溫下降後，葉背會染上紫紅色。很容易冒出子株，生長型態錦簇美觀。

Cobweb Joy
Sempervivum 'Cobweb Joy'

名稱中的 Cobweb 意思為蜘蛛網，而植株覆滿白絲的外觀正如其名。偏短的葉片多層交疊，秋冬時節的紅色紅葉也很值得一看。是容易長出子株的品種。

酒井
Sempervivum 'Sakai'

葉片表面為綠色，背側則為紅紫雙色，外觀賞心悅目。葉緣還密集地長著猶如胎毛般的纖細絨毛。到了紅葉期整棵植株則都會染上鮮豔的紫紅色。

Splite
Sempervivum 'Splite'

萊姆綠的葉片會隨氣溫下降逐漸從外側開始轉紅，最後整棵植株都會染上鮮紅色。子株則是會此起彼落地成群生長。夏天栽培時應盡量斷水。

Tectorum 'Red Purple'
Sempervivum tectorum 'Red Purple'

修長而銳利的葉片給人俐落感。綠葉具有灰色調的天鵝絨質感，漸入深秋時會慢慢產生紫紅色紅葉。可於春秋兩季進行分株、扦插。

Black Mini
Sempervivum 'Black Mini'

前端鋒利的巧克力色葉片既時髦又優雅。天冷時葉色會加深，變成接近黑色的顏色。栽培時建議擺在日照與通風良好的場所。

野馬
Sempervivum 'Bronco'

冬天時會產生深酒紅色紅葉，到春天又會慢慢變綠，綠葉與古銅色葉尖形成的對比美麗如畫。很容易冒出子株，群生的速度極快。

More Honey Blue Horizon
Sempervivum 'More Honey Blue Horizon'

葉片在夏天是清爽的淡綠色，而秋天起隨著氣溫下降，葉片與葉尖則會開始帶有紅褐色。夏天建議擺在半日照處並保持乾燥，好讓植株休養生息。

Senecio 菊科黃菀屬

京童子
Senecio herreanus

夏生型。葉形帶有直向紋理，因而又稱
Almond necklace。粗大莖幹低垂時的
姿態很有份量。修剪下來的枝條可擺在
土壤上發根。

銀月
Senecio haworthii

冬生型。覆滿白毛的細長葉子看起來蓬
鬆柔軟，銳利的葉尖呈豎立生長。夏天
應避免陽光直射，還要控制水量，而當
植株過於茂盛時就要疏剪。

翡翠珠
Senecio rowleyanus

春秋生型。葉子呈圓珠狀，因此又稱綠
之鈴。圓形的葉子相連生長，從盆器垂
落蔓延的模樣惹人憐愛。夏天應避免陽
光直射。枝條可置於土壤上發根。

新月
Senecio scaposus

冬生型。棒狀綠葉上覆有和紙般的白色
纖維，型態不可思議。纖維碰到就會剝
落，栽種時要多注意，還要避免淋雨。
冬天須移往不會低於5℃的室內。

Peach Necklace
Senecio 'Peach Necklace'

春秋生型。葉形比翡翠珠更尖，形狀猶
如蜜桃。若長時間直射陽光會造成葉片
燒傷。不耐潮溼的環境，栽培時應保持
乾燥。春天會開出嬌美的花朵。

箭葉菊
Senecio kleiniiformis

夏生型。帶有缺刻的葉尖形狀就像箭
鏃，名稱很符合其獨特的葉形。若盡量
保持乾燥，葉片會變紅。夏天要擺在半
日照處，冬天則應移往日照充足的室內。

黃菀屬的
近親

Othonna 菊科厚敦菊屬

上弦月
Senecio radicans

春秋生型。如上弦月的葉子在細長的莖
幹上連綿，植株匍匐延伸後又逐漸低
垂。葉尖朝上生長，樣貌活潑。碰到冰
霜會讓葉子受損，冬天應移往室內栽種。

黃花新月
Othonna capensis

冬生型。橢圓形的綠葉在細長的莖上連
綿，垂枝的姿態精緻秀麗。春天會開黃
花。栽種時應盡量保持乾燥，避開夏天
的強光。天冷時葉子會帶紅色。

Ruby Necklace
Othonna capensis 'Ruby Necklace'

冬生型。又叫紫月。轉紅葉時葉子會染
上紫色，不但垂枝優美，春天綻放的黃
花也嬌美可人。冬天要避免接觸冰霜與
寒風，應移往室內並保持乾燥。

黑田健太郎

於埼玉縣埼玉市經營「flora黑田園藝」。每日固定於部落格與IG發表作品，在社群網路上頗有人氣。專長是充分凸顯多肉植物與花草魅力的同時，營造出復古的氛圍，也會教大家如何利用在園藝店就能輕鬆取得的常見植物，打造充滿花卉與綠意的美麗空間。

多肉植物新手養成BOOK！

出　　　版／楓葉社文化事業有限公司
地　　　址／新北市板橋區信義路163巷3號10樓
郵 政 劃 撥／19907596　楓書坊文化出版社
網　　　址／www.maplebook.com.tw
電　　　話／02-2957-6096
傳　　　真／02-2957-6435
作　　　者／黑田健太郎
翻　　　譯／洪薇
責 任 編 輯／江婉瑄
內 文 排 版／楊亞容
校　　　對／邱鈺萱
港 澳 經 銷／泛華發行代理有限公司
定　　　價／350元
出 版 日 期／2022年11月

國家圖書館出版品預行編目資料

多肉植物新手養成BOOK！／黑田健太郎
作；洪薇譯. -- 初版. -- 新北市：楓葉社文
化事業有限公司, 2022.11　面；　公分
ISBN 978-986-370-476-8（平裝）

1. 多肉植物　2. 栽培　3. 園藝學

435.48　　　　　　　　111014406